연산 문장제 핵심 공략

사고력·서술형 완벽 대비

최고효과 기초탄탄 계산법

1학년 문장제편

·자연수의 덧셈과 뺄셈 1, 2

기탄출판

연산 문장제 문제는 '식 세우기'가 핵심입니다.
문제를 읽고 이해하여 식을 잘 세우면 문제는 다 해결된 것과 같습니다.

간단한 일 같지만 문장으로 된 연산 문제를 읽고 식을 세우는 것이 의외로 지금의 아이들에게 쉽지 않은 이유는,
요즘 아이들이 문자로 이루어진 책을 보는 것보다 이미지, 또는 tv나 스마트폰을 통한 영상을 보는 것을 훨씬 좋아하기 때문입니다. 이미지나 영상이 직관적으로 더 쉽게 이해되고, 깊이 사고하지 않아도 전달 능력이 뛰어나기 때문이지요.

영상 매체는 그 자체로 매력 있고, 전달력이 뛰어난 좋은 컨텐츠임이 분명하지만,
여전히 아이들의 의사 표현과 학습 방법 등은 언어나 문자가 대부분입니다.
언어나 문자는 듣고, 읽고, 스스로 이해해야 소통을 할 수 있습니다.

기탄교육이 정성들여 개발한 <최고효과계산법-문장제편>을 통해 아이들의 읽고, 이해하는 능력이 향상됨과 동시에 수학적 사고력이 성장하는 즐거움을 함께 누릴 수 있기를 바랍니다.

이 책의 **특징**과 **구성**

본학습

Tip을 통해 문장제 문제를 해결할 수 있는 키워드를 발견할 수 있습니다.

그날그날 학습한 날짜, 학습하는 데 걸린 시간, 오답 수를 기록하여 학습 결과(9쪽 참조)를 확인할 수 있습니다.

1 일차 · 011 단계 세 수의 덧셈, 뺄셈

세 수의 연이은 덧셈

① 단팥빵 7개, 크림빵 3개, 소라빵 2개가 있습니다.
빵은 모두 몇 개인가요?

식 7 + 3 + 2 = 12 (10) 답 12개

세 수의 덧셈 중 두 수의 합이 10이 되는 경우, 그 두 수를 먼저 더하면 쉬워요.

② 목장에 양이 9마리, 개가 1마리, 소가 5마리 있습니다.
목장에 있는 동물은 모두 몇 마리인가요?

식 □ + □ + □ = □ 답

③ 제기차기를 하는데 처음에는 5번, 두 번째는 8번, 세 번째는 2번 찼습니다.
제기를 모두 몇 번 찼나요?

식 □ + □ + □ = □ 답

④ 흰 우유가 6개, 딸기우유가 9개, 초코우유가 4개 있습니다.
우유는 모두 몇 개인가요?

식 □ + □ + □ = □ 답

70 최고효과 계산법-1학년 문장제편

표준완성시간: 3~4분

날짜 월 일 시간 분 초 오답 수 / 8

1 일차

⑤ 고리던지기를 하여 내가 3개, 엄마가 7개, 동생이 1개를 걸었습니다.
걸린 고리는 모두 몇 개인가요?

식 답

⑥ 어제까지 책을 7권 읽었고, 오늘 1권을 읽고, 9권을 더 읽으려고 합니다.
책을 모두 몇 권 읽게 되나요?

식 답

⑦ 연못 안에 개구리 3마리가 있었는데 4마리가 더 오고, 6마리가 또 왔습니다. 연못 안에 개구리는 모두 몇 마리인가요?

식 답

⑧ 계단을 5칸 올라가고, 6칸을 더 올라가고, 다시 5칸을 더 올라갔습니다.
올라간 계단은 모두 몇 칸인가요?

식 답

011단계 71

'최고효과계산법'에서 다루는 **연산 커리큘럼과 동일한 커리큘럼**으로 **문장제 문제들을 구성**하였습니다.

덧셈의 경우는 첨가(늘어나는 셈), 병합(두 수의 합), 상대비교(~보다 ~ 더 많은 수) 중심으로, 뺄셈의 경우는 제거(줄어드는 셈), 비교(두 수의 차), 상대비교(~보다 ~ 더 적은 수) 중심으로 문장 연습을 할 수 있게 구성하였습니다.

● 종료테스트

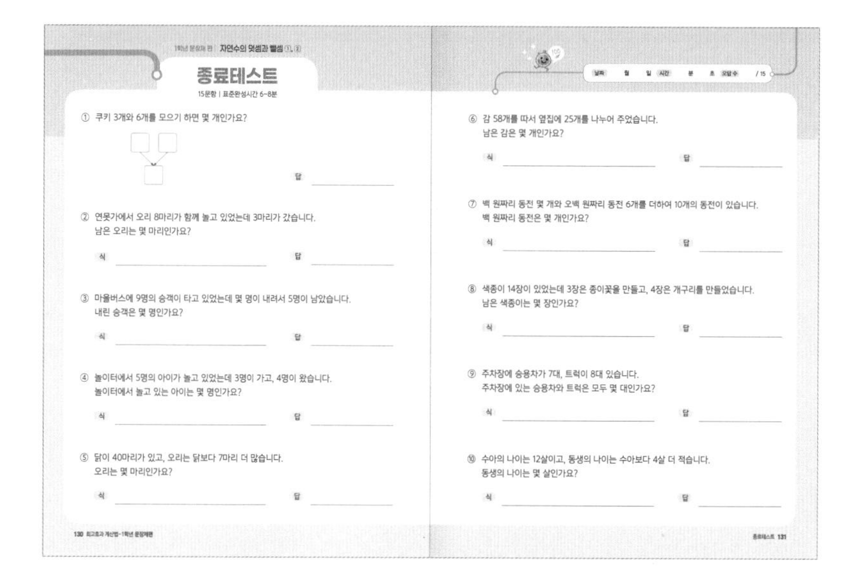
1학년 문장제 편 자연수의 덧셈과 뺄셈 (1), (2)

종료테스트

15문항 | 표준완성시간 6~8분

① 쿠키 3개와 6개를 모으기 하면 몇 개인가요?

답

② 연못가에서 오리 8마리가 함께 놀고 있었는데 3마리가 갔습니다.
남은 오리는 몇 마리인가요?

식 답

③ 마을버스에 9명의 승객이 타고 있었는데 몇 명이 내려서 5명이 남았습니다.
내린 승객은 몇 명인가요?

식 답

④ 놀이터에서 5명의 아이가 놀고 있었는데 3명이 가고, 4명이 왔습니다.
놀이터에서 놀고 있는 아이는 몇 명인가요?

식 답

⑤ 닭이 40마리가 있고, 오리는 닭보다 7마리 더 많습니다.
오리는 몇 마리인가요?

식 답

130 최고효과 계산법 · 1학년 문장제편

⑥ 감 58개를 따서 옆집에 25개를 나누어 주었습니다.
남은 감은 몇 개인가요?

식 답

⑦ 백 원짜리 동전 몇 개와 오백 원짜리 동전 6개를 더하여 10개의 동전이 있습니다.
백 원짜리 동전은 몇 개인가요?

식 답

⑧ 색종이 14장이 있었는데 3장은 종이꽃을 만들고, 4장은 개구리를 만들었습니다.
남은 색종이는 몇 장인가요?

식 답

⑨ 주차장에 승용차가 7대, 트럭이 8대 있습니다.
주차장에 있는 승용차와 트럭은 모두 몇 대인가요?

식 답

⑩ 수아의 나이는 12살이고, 동생의 나이는 수아보다 4살 더 적습니다.
동생의 나이는 몇 살인가요?

식 답

종료테스트 131

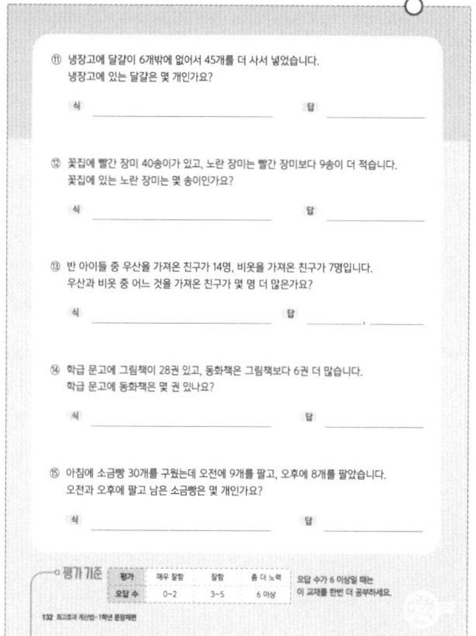
⑪ 냉장고에 달걀이 6개밖에 없어서 45개를 더 사서 넣었습니다.
냉장고에 있는 달걀은 몇 개인가요?

식 답

⑫ 꽃집에 빨간 장미 40송이가 있고, 노란 장미는 빨간 장미보다 9송이 더 적습니다.
꽃집에 있는 노란 장미는 몇 송이인가요?

식 답

⑬ 반 아이들 중 우산을 가져온 친구가 14명, 비옷을 가져온 친구가 7명입니다.
우산과 비옷 중 어느 것을 가져온 친구가 몇 명 더 많은가요?

식 답

⑭ 학급 문고에 그림책이 28권 있고, 동화책은 그림책보다 6권 더 많습니다.
학급 문고에 동화책은 몇 권 있나요?

식 답

⑮ 아침에 소금빵 30개를 구웠는데 오전에 9개를 팔고, 오후에 8개를 팔았습니다.
오전과 오후에 팔고 남은 소금빵은 몇 개인가요?

식 답

평가기준

평가	매우 잘함	잘함	좀 더 노력
오답 수	0~2	3~5	6 이상

오답 수가 6 이상일 때는 이 교재를 한번 더 공부하세요.

132 최고효과 계산법 · 1학년 문장제편

각 권이 끝날 때마다 종료테스트를 통해 학습한 것을 다시 한번 확인할 수 있습니다.

종료테스트의 정답을 확인하고, 평가기준을 통해 자신의 성취 수준을 판단할 수 있습니다.

● 정답

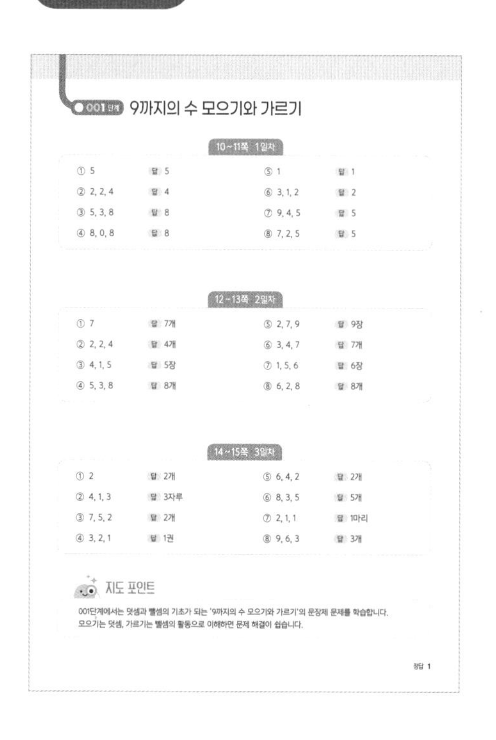
001단계 9까지의 수 모으기와 가르기

10~11쪽 1일차

① 5	답 5	⑤ 1	답 1
② 2, 2, 4	답 4	⑥ 3, 1, 2	답 2
③ 5, 3, 8	답 8	⑦ 9, 4, 5	답 5
④ 8, 0, 8	답 8	⑧ 7, 2, 5	답 5

12~13쪽 2일차

① 7	답 7개	⑤ 2, 7, 9	답 9장
② 2, 2, 4	답 4개	⑥ 3, 4, 7	답 7개
③ 4, 1, 5	답 5장	⑦ 1, 5, 6	답 6장
④ 5, 3, 8	답 8개	⑧ 6, 2, 8	답 8개

14~15쪽 3일차

① 2	답 2개	⑤ 6, 4, 2	답 2개
② 4, 1, 3	답 3자루	⑥ 8, 3, 5	답 5개
③ 7, 5, 2	답 2개	⑦ 2, 1, 1	답 1마리
④ 3, 2, 1	답 1권	⑧ 9, 6, 3	답 3개

지도 포인트

001단계에서는 덧셈과 뺄셈의 기초가 되는 '9까지의 수 모으기와 가르기'의 문장제 문제를 학습합니다.
모으기는 덧셈, 가르기는 뺄셈의 활동으로 이해하면 문제 해결이 쉽습니다.

정답 1

단계별로 **정답을 확인한 후 지도 포인트를 확인**합니다.

이번 학습을 통해 어떤 부분의 문제해결력을 길렀는지, 또한 틀린 문제를 점검할 때 어떤 부분에 중점을 두고 확인해야 할지 알 수 있습니다.

최고효과계산법 **전체** 학습 내용

최고효과계산법 **권별** 학습 내용

	1권 자연수의 덧셈과 뺄셈 1	2권 자연수의 덧셈과 뺄셈 2		1학년 문장제편
초 1	001단계 9까지의 수 모으기와 가르기	011단계 세 수의 덧셈, 뺄셈	+	001단계~020단계 문장제편
	002단계 합이 9까지인 덧셈	012단계 받아올림이 있는 (몇)+(몇)		
	003단계 차가 9까지인 뺄셈	013단계 받아내림이 있는 (십 몇)−(몇)		
	004단계 덧셈과 뺄셈의 관계 ①	014단계 받아올림·받아내림이 있는 덧셈, 뺄셈 종합		
	005단계 세 수의 덧셈과 뺄셈 ①	015단계 (두 자리 수)+(한 자리 수)		
	006단계 (몇십)+(몇)	016단계 (몇십)−(몇)		
	007단계 (몇십 몇)±(몇)	017단계 (두 자리 수)−(한 자리 수)		
	008단계 (몇십)±(몇십), (몇십 몇)±(몇십 몇)	018단계 (두 자리 수)±(한 자리 수) ①		
	009단계 10의 모으기와 가르기	019단계 (두 자리 수)±(한 자리 수) ②		
	010단계 10의 덧셈과 뺄셈	020단계 세 수의 덧셈과 뺄셈 ②		
	3권 자연수의 덧셈과 뺄셈 3 / 곱셈구구	4권 자연수의 덧셈과 뺄셈 4		2학년 문장제편
초 2	021단계 (두 자리 수)+(두 자리 수) ①	031단계 (세 자리 수)+(세 자리 수) ①	+	021단계~040단계 문장제편
	022단계 (두 자리 수)+(두 자리 수) ②	032단계 (세 자리 수)+(세 자리 수) ②		
	023단계 (두 자리 수)−(두 자리 수)	033단계 (세 자리 수)−(세 자리 수) ①		
	024단계 (두 자리 수)±(두 자리 수)	034단계 (세 자리 수)−(세 자리 수) ②		
	025단계 덧셈과 뺄셈의 관계 ②	035단계 (세 자리 수)±(세 자리 수)		
	026단계 같은 수를 여러 번 더하기	036단계 세 자리 수의 덧셈, 뺄셈 종합		
	027단계 2, 5, 3, 4의 단 곱셈구구	037단계 세 수의 덧셈과 뺄셈 ③		
	028단계 6, 7, 8, 9의 단 곱셈구구	038단계 (네 자리 수)+(세 자리 수·네 자리 수)		
	029단계 곱셈구구 종합 ①	039단계 (네 자리 수)−(세 자리 수·네 자리 수)		
	030단계 곱셈구구 종합 ②	040단계 네 자리 수의 덧셈, 뺄셈 종합		

초 3	5권 자연수의 곱셈과 나눗셈 [1]		6권 자연수의 곱셈과 나눗셈 [2]	
	041단계	같은 수를 여러 번 빼기 ①	051단계	(세 자리 수)×(한 자리 수) ①
	042단계	곱셈과 나눗셈의 관계	052단계	(세 자리 수)×(한 자리 수) ②
	043단계	곱셈구구 범위에서의 나눗셈 ①	053단계	(두 자리 수)×(두 자리 수) ①
	044단계	같은 수를 여러 번 빼기 ②	054단계	(두 자리 수)×(두 자리 수) ②
	045단계	곱셈구구 범위에서의 나눗셈 ②	055단계	(세 자리 수)×(두 자리 수) ①
	046단계	곱셈구구 범위에서의 나눗셈 ③	056단계	(세 자리 수)×(두 자리 수) ②
	047단계	(두 자리 수)×(한 자리 수) ①	057단계	(몇십)÷(몇), (몇백 몇십)÷(몇)
	048단계	(두 자리 수)×(한 자리 수) ②	058단계	(두 자리 수)÷(한 자리 수) ①
	049단계	(두 자리 수)×(한 자리 수) ③	059단계	(두 자리 수)÷(한 자리 수) ②
	050단계	(두 자리 수)×(한 자리 수) ④	060단계	(두 자리 수)÷(한 자리 수) ③

초 4	7권 자연수의 나눗셈 / 혼합 계산		8권 분수와 소수의 덧셈과 뺄셈	
	061단계	(세 자리 수)÷(한 자리 수) ①	071단계	대분수를 가분수로, 가분수를 대분수로 나타내기
	062단계	(세 자리 수)÷(한 자리 수) ②	072단계	분모가 같은 분수의 덧셈 ①
	063단계	몇십으로 나누기	073단계	분모가 같은 분수의 덧셈 ②
	064단계	(두 자리 수)÷(두 자리 수) ①	074단계	분모가 같은 분수의 뺄셈 ①
	065단계	(두 자리 수)÷(두 자리 수) ②	075단계	분모가 같은 분수의 뺄셈 ②
	066단계	(세 자리 수)÷(두 자리 수) ①	076단계	분모가 같은 분수의 덧셈, 뺄셈
	067단계	(세 자리 수)÷(두 자리 수) ②	077단계	자릿수가 같은 소수의 덧셈
	068단계	(두 자리 수·세 자리 수)÷(두 자리 수)	078단계	자릿수가 다른 소수의 덧셈
	069단계	자연수의 혼합 계산 ①	079단계	자릿수가 같은 소수의 뺄셈
	070단계	자연수의 혼합 계산 ②	080단계	자릿수가 다른 소수의 뺄셈

초 5	9권 분수의 덧셈과 뺄셈		10권 분수와 소수의 곱셈	
	081단계	약수와 배수	091단계	분수와 자연수의 곱셈
	082단계	공약수와 최대공약수	092단계	분수의 곱셈 ①
	083단계	공배수와 최소공배수	093단계	분수의 곱셈 ②
	084단계	최대공약수와 최소공배수	094단계	세 분수의 곱셈
	085단계	약분	095단계	분수와 소수
	086단계	통분	096단계	소수와 자연수의 곱셈
	087단계	분모가 다른 진분수의 덧셈과 뺄셈	097단계	소수의 곱셈 ①
	088단계	분모가 다른 대분수의 덧셈과 뺄셈	098단계	소수의 곱셈 ②
	089단계	분수의 덧셈과 뺄셈	099단계	분수와 소수의 곱셈
	090단계	세 분수의 덧셈과 뺄셈	100단계	분수, 소수, 자연수의 곱셈

초 6	11권 분수와 소수의 나눗셈		12권 분수와 소수의 혼합 계산 / 비와 방정식	
	101단계	분수와 자연수의 나눗셈	111단계	분수와 소수의 곱셈과 나눗셈
	102단계	분수의 나눗셈 ①	112단계	분수와 소수의 혼합 계산
	103단계	분수의 나눗셈 ②	113단계	비와 비율
	104단계	소수와 자연수의 나눗셈 ①	114단계	간단한 자연수의 비로 나타내기
	105단계	소수와 자연수의 나눗셈 ②	115단계	비례식
	106단계	자연수와 자연수의 나눗셈	116단계	비례배분
	107단계	소수의 나눗셈 ①	117단계	방정식 ①
	108단계	소수의 나눗셈 ②	118단계	방정식 ②
	109단계	소수의 나눗셈 ③	119단계	방정식 ③
	110단계	분수와 소수의 나눗셈	120단계	방정식 ④

차례

1학년 문장제 편 | 자연수의 덧셈과 뺄셈 1, 2

학습 결과는 다음 **평가 기준**을 참조하세요.

평가	매우 잘함	잘함	좀 더 노력
오답 수	0~1	2~3	4 이상

오답 수가 4 이상일 때는
틀린 부분을 한번 더 공부하세요.

1 일차

001 단계 9까지의 수 모으기와 가르기

모으기 / 가르기

① 1과 4를 모으기 하면 얼마인가요?

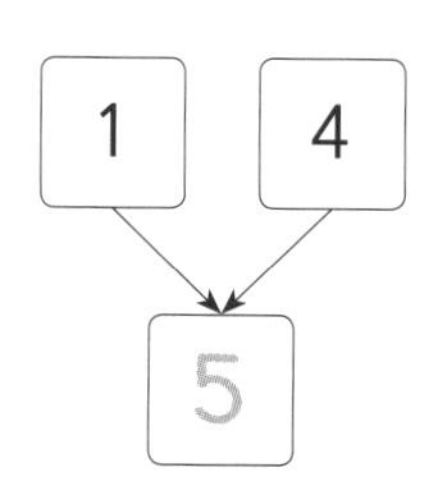

답 5

② 2와 2를 모으기 하면 얼마인가요?

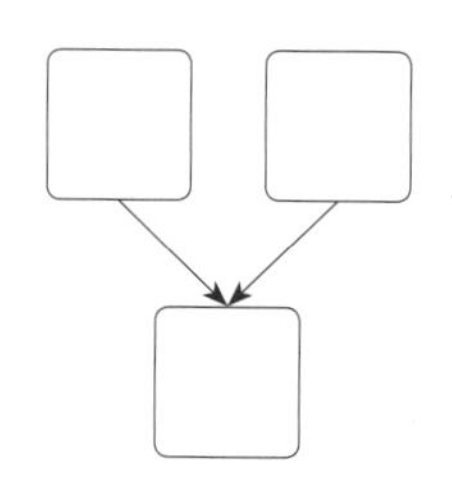

답 ________

③ 5와 3을 모으기 하면 얼마인가요?

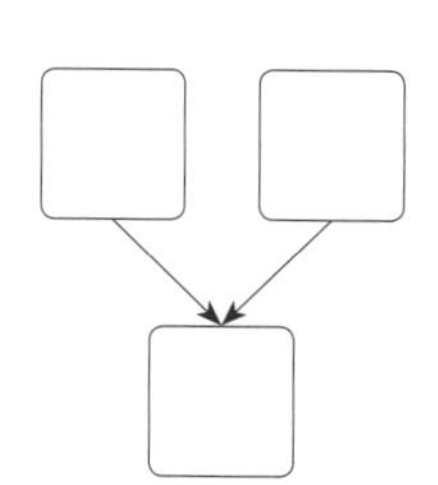

답 ________

④ 8과 0을 모으기 하면 얼마인가요?

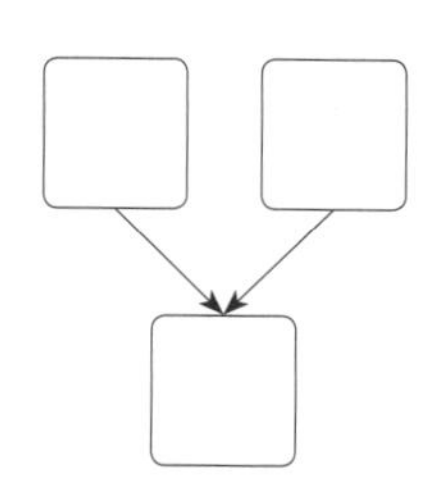

답 ________

⑤ 6은 5와 얼마로 가르기 할 수 있나요?

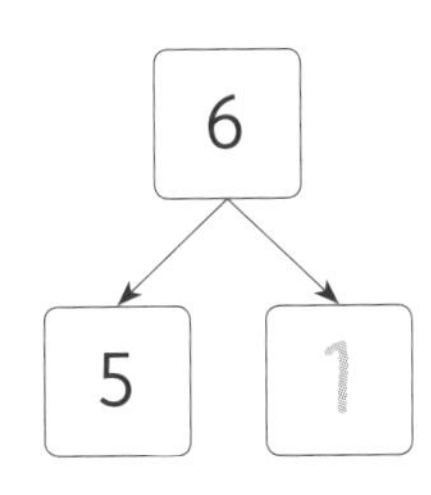

답 1

⑥ 3은 1과 얼마로 가르기 할 수 있나요?

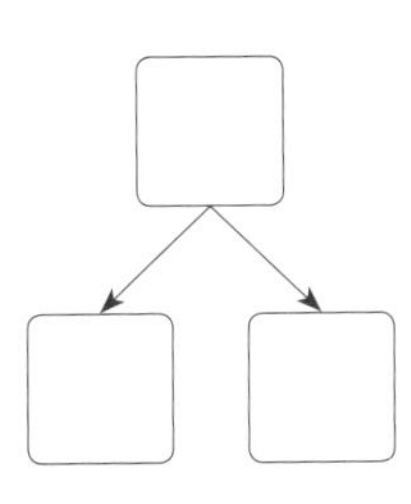

답 ________

⑦ 9는 4와 얼마로 가르기 할 수 있나요?

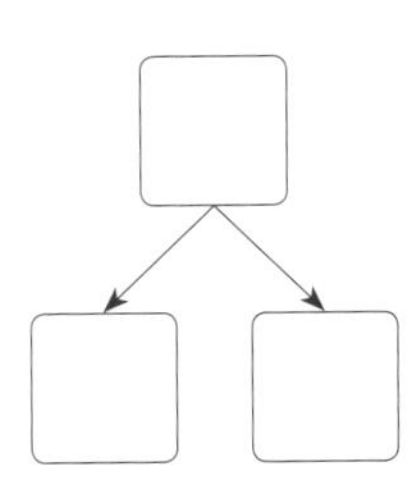

답 ________

⑧ 7은 2와 얼마로 가르기 할 수 있나요?

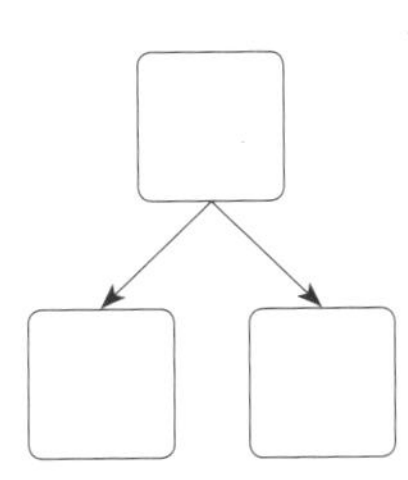

답 ________

2 일차 ● 001 단계

9까지의 수 모으기와 가르기

모으기

① 구슬 1개와 6개를 모으기 하면 몇 개인가요?

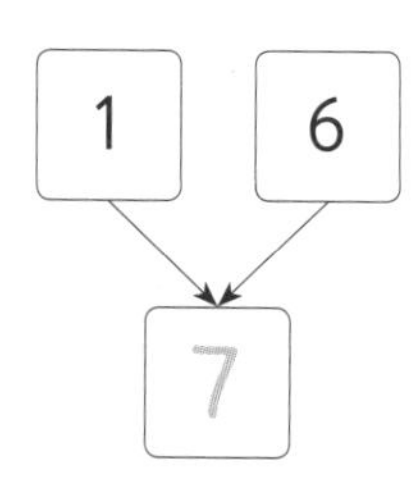

답 7개

② 사탕 2개와 2개를 모으기 하면 몇 개인가요?

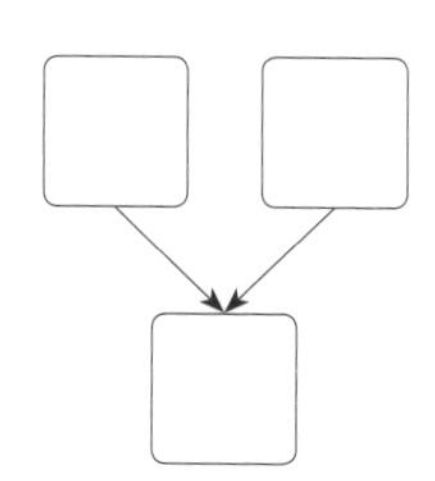

답 ________

③ 딱지 4장과 1장을 모으기 하면 몇 장인가요?

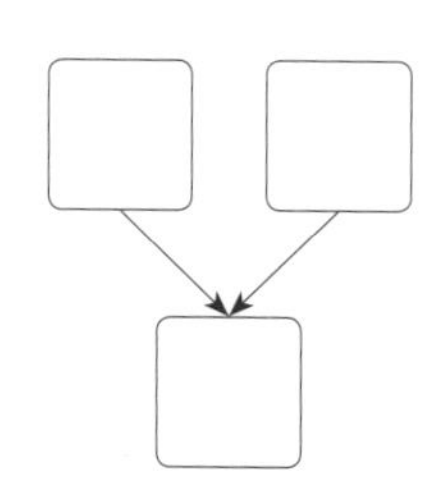

답 ________

④ 사과 5개와 3개를 모으기 하면 몇 개인가요?

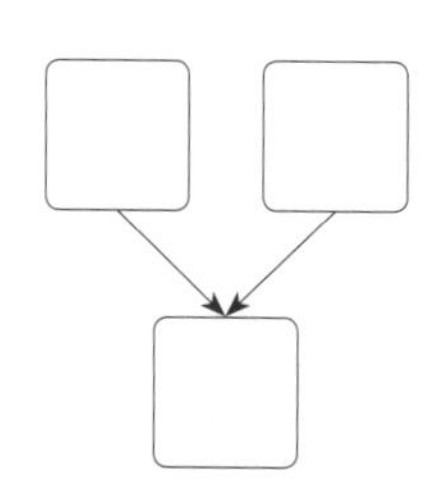

답 ________

⑤ 색종이 2장과 7장을 모으기 하면 몇 장인가요?

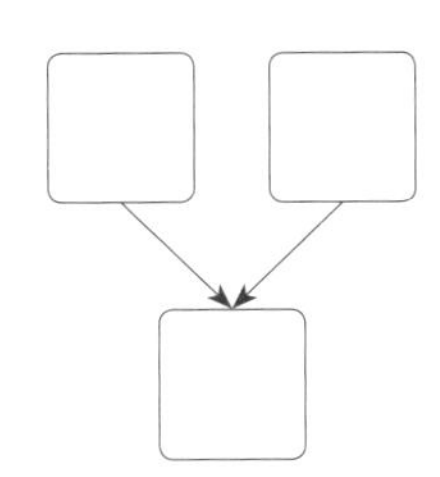

답 ______________

⑥ 지우개 3개와 4개를 모으기 하면 몇 개인가요?

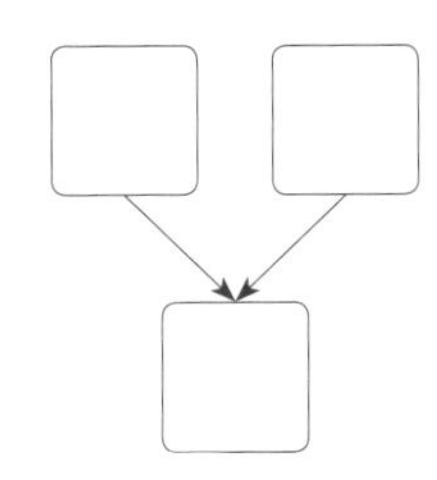

답 ______________

⑦ 우표 1장과 5장을 모으기 하면 몇 장인가요?

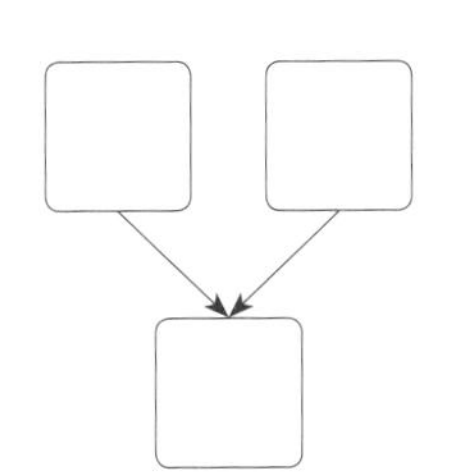

답 ______________

⑧ 달걀 6개와 2개를 모으기 하면 몇 개인가요?

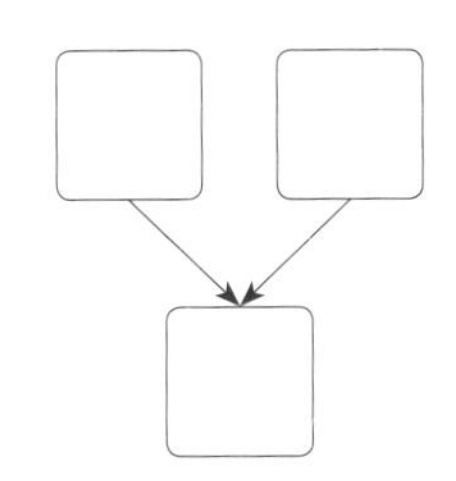

답 ______________

3 일차

001 단계 9까지의 수 모으기와 가르기

가르기

① 빵 5개를 3개와 몇 개로 가르기 할 수 있나요?

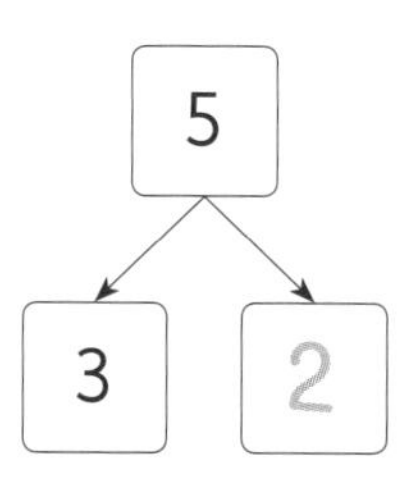

② 연필 4자루를 1자루와 몇 자루로 가르기 할 수 있나요?

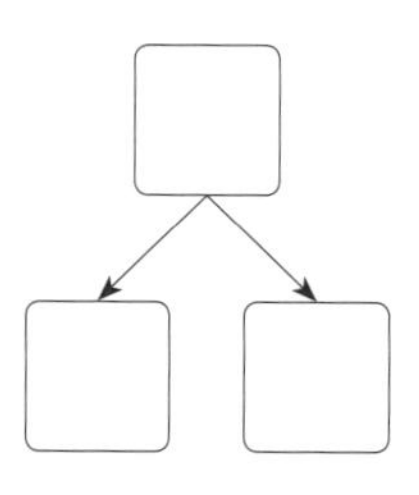

답 ____________

③ 귤 7개를 5개와 몇 개로 가르기 할 수 있나요?

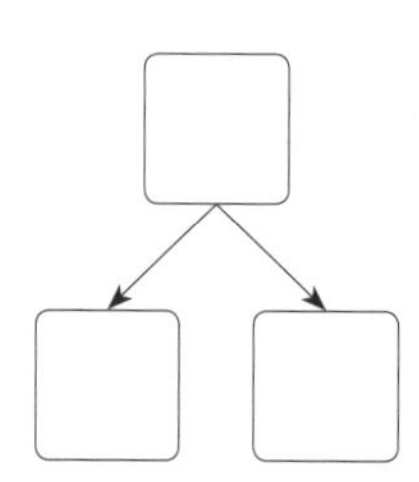

답 ____________

④ 책 3권을 2권과 몇 권으로 가르기 할 수 있나요?

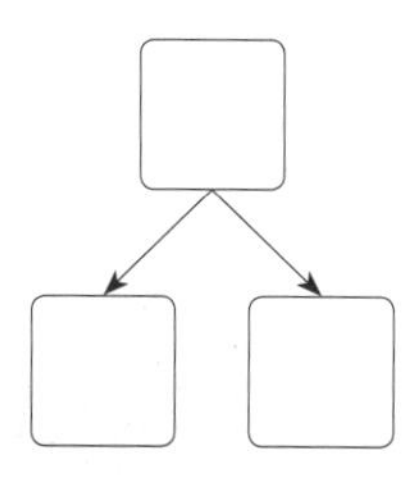

답 ____________

⑤ 조개 6개를 4개와 몇 개로 가르기 할 수 있나요?

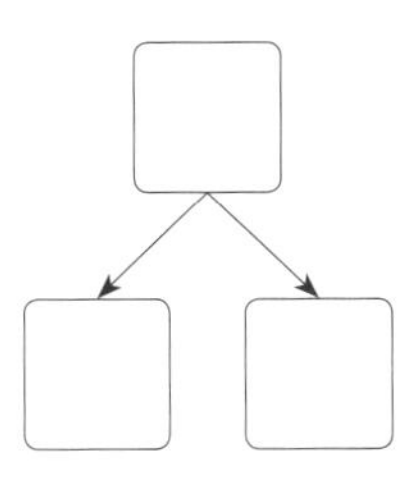

답 ______________

⑥ 당근 8개를 3개와 몇 개로 가르기 할 수 있나요?

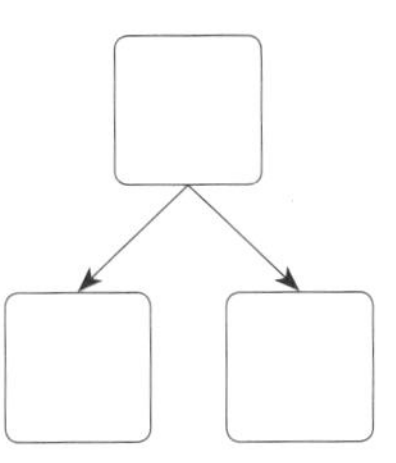

답 ______________

⑦ 물고기 2마리를 1마리와 몇 마리로 가르기 할 수 있나요?

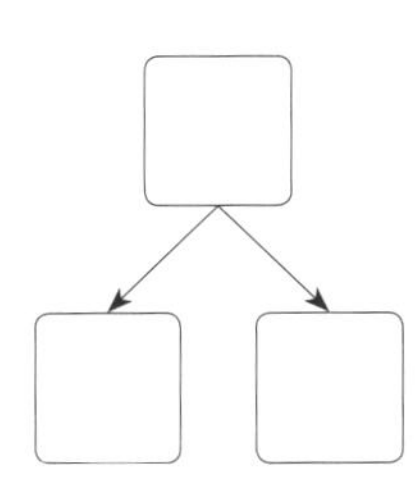

답 ______________

⑧ 떡 9개를 6개와 몇 개로 가르기 할 수 있나요?

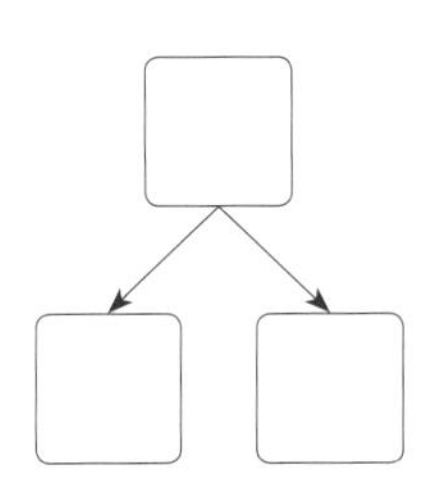

답 ______________

1 일차

002 단계 합이 9까지인 덧셈

늘어난 값 구하기

① 사과 8개를 샀더니 1개를 더 주셨습니다.
사과는 모두 몇 개인가요?

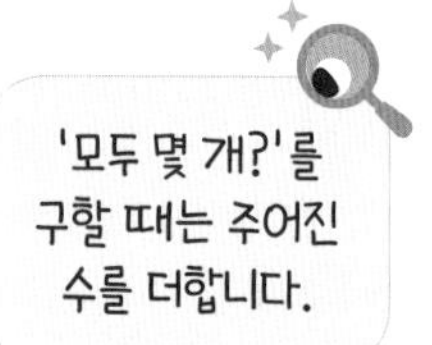

식 8 + 1 = 9

답 9개

② 오리 2마리가 놀고 있었는데 4마리가 더 왔습니다.
오리는 모두 몇 마리인가요?

식 ☐ + ☐ = ☐ 　　답 ______

③ 꽃병에 장미 5송이를 꽂고, 2송이를 더 꽂았습니다.
장미는 모두 몇 송이인가요?

식 ☐ + ☐ = ☐ 　　답 ______

④ 계단을 4칸 올라가고, 3칸 더 올라갔습니다.
올라간 계단은 모두 몇 칸인가요?

식 ☐ + ☐ = ☐ 　　답 ______

⑤ 계란빵 4개를 만들고, 4개를 더 만들었습니다.
계란빵은 모두 몇 개인가요?

식 ______________________ 답 ______________

⑥ 물고기 6마리가 있는 어항에 2마리를 더 넣었습니다.
물고기는 모두 몇 마리인가요?

식 ______________________ 답 ______________

⑦ 놀이터에서 2명이 놀고 있었는데 3명이 더 왔습니다.
놀이터에는 모두 몇 명이 있나요?

식 ______________________ 답 ______________

⑧ 감자 7개를 캐고, 2개를 더 캤습니다.
캔 감자는 모두 몇 개인가요?

식 ______________________ 답 ______________

2 일차 002 단계

합이 9까지인 덧셈

두 수의 합 구하기

① 남자 아이 2명, 여자 아이 1명이 있습니다.
아이들은 모두 몇 명인가요?

식 [2] + [1] = [3]

답 3명

② 초록 사과 1개, 빨간 사과 5개가 있습니다.
사과는 모두 몇 개인가요?

식 [ ] + [ ] = [ ]

답

③ 단팥 붕어빵 4개, 슈크림 붕어빵 2개가 있습니다.
붕어빵은 모두 몇 개인가요?

식 [ ] + [ ] = [ ]

답

④ 장미 3송이, 튤립 4송이가 있습니다.
꽃은 모두 몇 송이인가요?

식 [ ] + [ ] = [ ]

답

⑤ 노란 색종이 2장, 빨간 색종이 4장이 있습니다.
색종이는 모두 몇 장인가요?

식

답

⑥ 암탉 4마리, 수탉 1마리가 있습니다.
닭은 모두 몇 마리인가요?

식

답

⑦ 긴 우산 3개, 접는 우산 3개가 있습니다.
우산은 모두 몇 개인가요?

식

답

⑧ 막대 사탕 6개, 알사탕 2개가 있습니다.
사탕은 모두 몇 개인가요?

식

답

3 일차

● 002 단계

합이 9까지인 덧셈

더 많은 것의 수 구하기

① 감자가 4개 있고, 고구마는 감자보다 2개 더 많습니다.
고구마는 몇 개인가요?

'~보다 ~개 더 많은 것의 수'를 구할 때도 주어진 수를 더합니다.

식 $4 + 2 = 6$

답 6개

② 숟가락이 2개 있고, 포크는 숟가락보다 5개 더 많습니다.
포크는 몇 개인가요?

식 $\square + \square = \square$

답

③ 돼지가 3마리 있고, 오리는 돼지보다 3마리 더 많습니다.
오리는 몇 마리인가요?

식 $\square + \square = \square$

답

④ 동생의 나이는 6살이고, 나는 동생보다 1살 더 많습니다.
내 나이는 몇 살인가요?

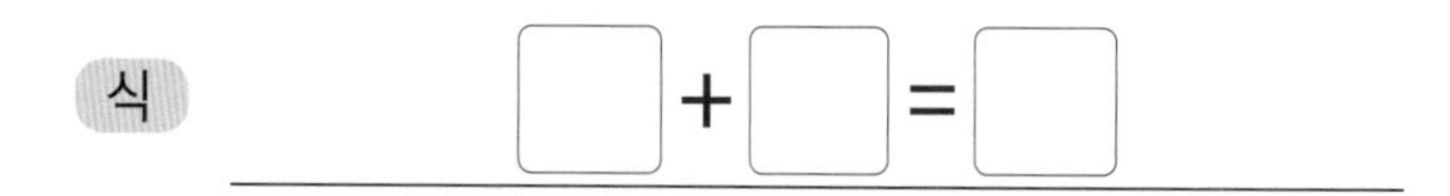

식 $\square + \square = \square$

답

⑤ 사탕을 소미는 5개, 쫑아는 소미보다 4개 더 많이 가지고 있습니다. 쫑아가 가진 사탕은 몇 개인가요?

식 ______________________ 답 ______________

⑥ 과자를 동생은 4개, 형은 동생보다 2개 더 많이 먹었습니다. 형이 먹은 과자는 몇 개인가요?

식 ______________________ 답 ______________

⑦ 종이학을 나는 6개, 친구는 나보다 3개 더 많이 접었습니다. 친구가 접은 종이학은 몇 개인가요?

식 ______________________ 답 ______________

⑧ 색연필을 무아는 8자루, 또또는 무아보다 1자루 더 많이 가지고 있습니다. 또또가 가진 색연필은 몇 자루인가요?

식 ______________________

답 ______________

1 일차

003 단계 차가 9까지인 뺄셈

줄어든 값 구하기

'남은 것은 몇 개?'를 구할 때는 뺄셈을 이용합니다.

① 딸기 5개 중 3개를 먹었습니다.
남은 딸기는 몇 개인가요?

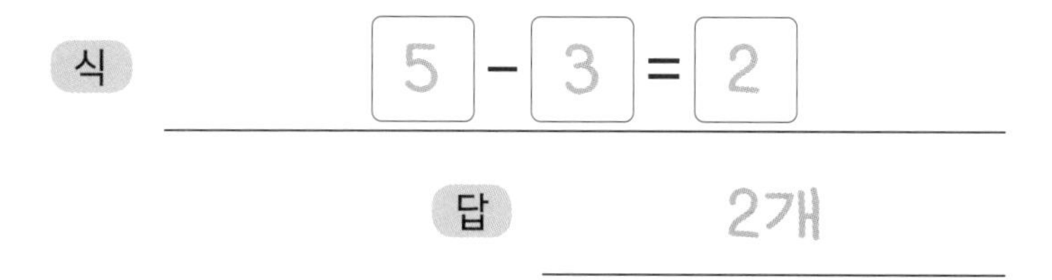

② 나무에 앉아 있던 참새 4마리 중 2마리가 날아갔습니다.
남은 참새는 몇 마리인가요?

식 □ - □ = □　　답 ________

③ 촛불 3개 중 1개가 꺼졌습니다.
남은 촛불은 몇 개인가요?

식 □ - □ = □　　답 ________

④ 구슬 6개 중 2개를 잃어버렸습니다.
남은 구슬은 몇 개인가요?

식 □ - □ = □　　답 ________

⑤ 쿠키 9개 중 5개를 먹었습니다.
남은 쿠키는 몇 개인가요?

식 ______________________ 답 ______________

⑥ 주차장에 있던 차 7대 중 6대가 나갔습니다.
남은 차는 몇 대인가요?

식 ______________________ 답 ______________

⑦ 함께 놀던 고양이 5마리 중 2마리가 갔습니다.
남은 고양이는 몇 마리인가요?

식 ______________________

답 ______________

⑧ 사탕 8개 중 3개를 동생에게 주었습니다.
남은 사탕은 몇 개인가요?

식 ______________________ 답 ______________

2 일차

003 단계 차가 9까지인 뺄셈

두 수의 차 구하기

① 오렌지 5개와 토마토 1개가 있습니다.
오렌지는 토마토보다 몇 개 더 많은가요?

'~보다 몇 개 더 많은가?'를 구할 때도 뺄셈을 이용합니다.

식 5 − 1 = 4

답 4개

② 개 4마리, 고양이 3마리가 있습니다.
개는 고양이보다 몇 마리 더 많은가요?

식 ☐ − ☐ = ☐ 답 ______

③ 장미 9송이, 카네이션 6송이가 있습니다.
장미와 카네이션 중 어느 것이 몇 송이 더 많은가요?

식 ☐ − ☐ = ☐ 답 ______, ______

④ 동화책 8권, 만화책 7권이 있습니다.
동화책과 만화책 중 어느 것이 몇 권 더 많은가요?

식 ☐ − ☐ = ☐ 답 ______, ______

⑤ 누나는 9살, 동생은 4살입니다.
누나는 동생보다 몇 살 더 많은가요?

식 ______________________ 답 ____________

⑥ 잠자리 6마리, 매미 3마리가 있습니다.
잠자리는 매미보다 몇 마리 더 많은가요?

식 ______________________ 답 ____________

⑦ 흰 우유 3개, 초코우유 5개가 있습니다.
흰 우유와 초코우유 중 어느 것이 몇 개 더 많은가요?

식 ______________________

답 __________, __________

⑧ 당근 7개, 오이 2개가 있습니다.
당근과 오이 중 어느 것이 몇 개 더 많은가요?

식 ______________________ 답 __________, __________

3일차 · 003단계

차가 9까지인 뺄셈

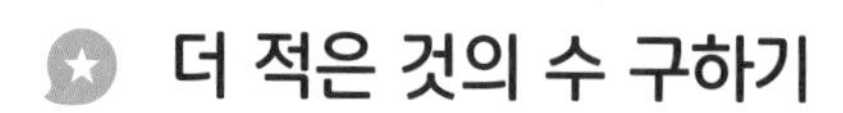

더 적은 것의 수 구하기

'~보다 ~개 더 적은 것의 수'를 구할 때도 뺄셈을 이용합니다.

① 만두가 7개 있고, 튀김은 만두보다 5개 더 적습니다.
튀김은 몇 개 있나요?

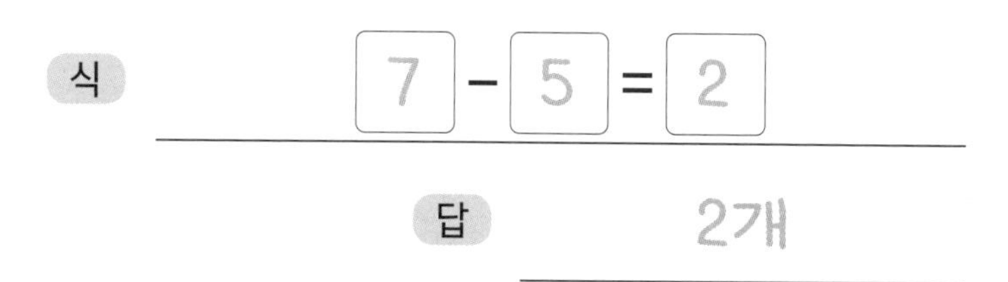

② 사과가 3개 있고, 귤은 사과보다 2개 더 적습니다.
귤은 몇 개 있나요?

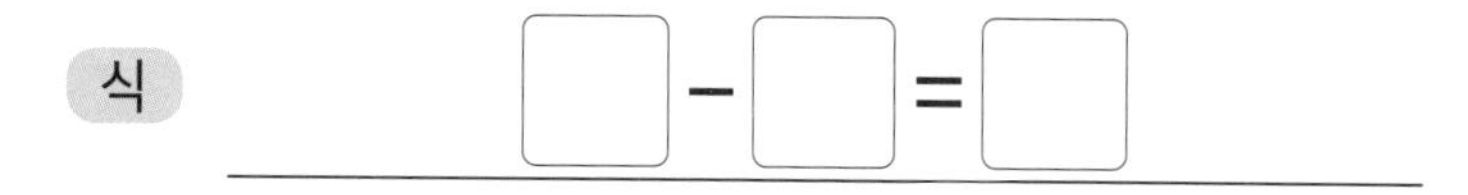

답 ______

③ 기린이 5마리 있고, 사슴은 기린보다 3마리 더 적습니다.
사슴은 몇 마리 있나요?

식 ☐ - ☐ = ☐

답 ______

④ 농구공이 4개 있고, 축구공은 농구공보다 1개 더 적습니다.
축구공은 몇 개 있나요?

식 ☐ - ☐ = ☐

답 ______

⑤ 내 나이는 8살이고, 동생은 나보다 2살 더 적습니다.
동생의 나이는 몇 살인가요?

식 ______________________

답 ____________

⑥ 턱걸이를 어제는 5개 했고, 오늘은 어제보다 3개 더 적게 했습니다.
오늘은 턱걸이를 몇 개 했나요?

식 ______________________ 답 ____________

⑦ 색종이를 단비는 6장 가지고 있고, 송이는 단비보다 1장 더 적게 가지고 있습니다.
송이가 가진 색종이는 몇 장인가요?

식 ______________________ 답 ____________

⑧ 칭찬 스티커를 나는 9장 받았고, 동생은 나보다 4장 더 적게 받았습니다.
동생이 받은 칭찬 스티커는 몇 장인가요?

식 ______________________ 답 ____________

1 일차

004 단계 덧셈과 뺄셈의 관계 ①

☐가 있는 덧셈식

어떤 수를 ☐로 하는 덧셈식(식1)을 만들고, 덧셈과 뺄셈의 관계(식2)를 이용합니다.

① 5에 어떤 수를 더했더니 8이 되었습니다. 어떤 수는 얼마인가요?

식1 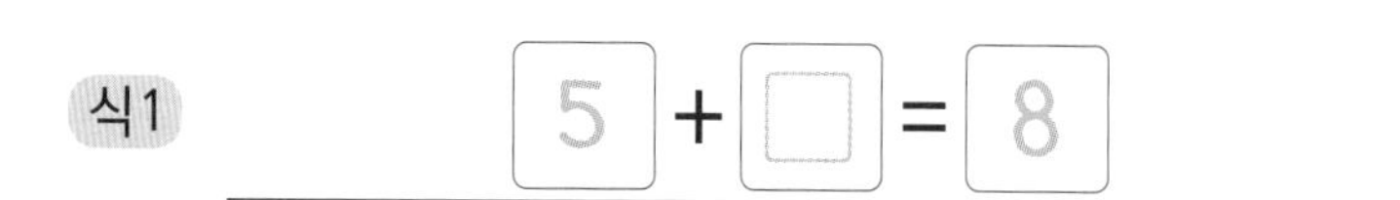

식2 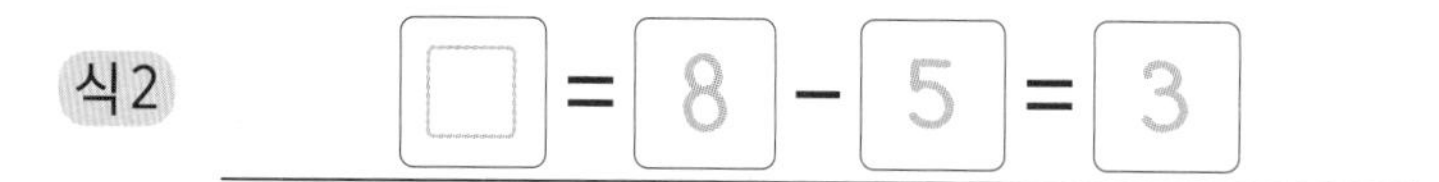

답 3

② 1에 어떤 수를 더했더니 5가 되었습니다. 어떤 수는 얼마인가요?

식1 ☐ + ☐ = ☐

식2 ☐ = ☐ − ☐ = ☐

답

③ 어떤 수에 2를 더했더니 4가 되었습니다. 어떤 수는 얼마인가요?

식1 ☐ + ☐ = ☐

식2 ☐ = ☐ − ☐ = ☐

답

④ 어떤 수에 4를 더했더니 7이 되었습니다. 어떤 수는 얼마인가요?

식1 ☐ + ☐ = ☐

식2 ☐ = ☐ − ☐ = ☐

답

⑤ 사과가 2개 있었는데 몇 개를 더 사 와서 6개가 되었습니다.
더 사 온 사과는 몇 개인가요?

식 2+□=6 답 4개

⑥ 금붕어 3마리가 들어 있는 어항에 몇 마리를 더 넣었더니 7마리가 되었습니다.
더 넣은 금붕어는 몇 마리인가요?

식 답

⑦ 호두 몇 개가 들어 있는 주머니에 3개를 더 넣었더니 9개가 되었습니다.
처음에 들어 있던 호두는 몇 개인가요?

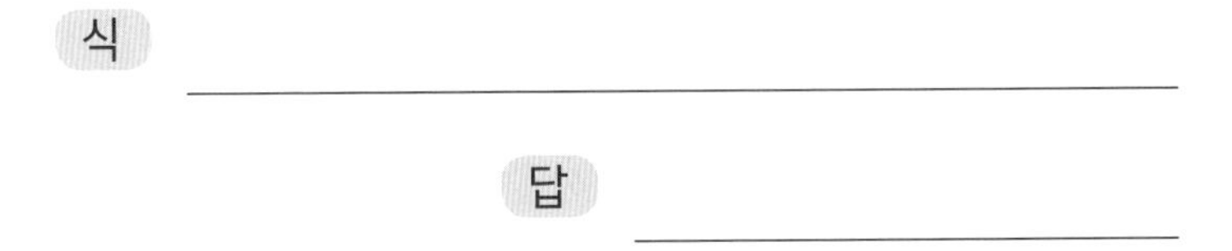

식

답

⑧ 동생의 나이에 2살을 더했더니 8살이 되었습니다.
동생의 나이는 몇 살인가요?

식

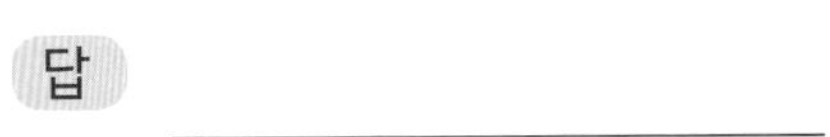

답

2 일차

004 단계 덧셈과 뺄셈의 관계 ①

□가 있는 뺄셈식 ①

① 어떤 수에서 3을 뺐더니 4가 되었습니다. 어떤 수는 얼마인가요?

어떤 수를 □로 하는 뺄셈식(식1)을 만들고, 덧셈과 뺄셈의 관계(식2)를 이용합니다.

식1 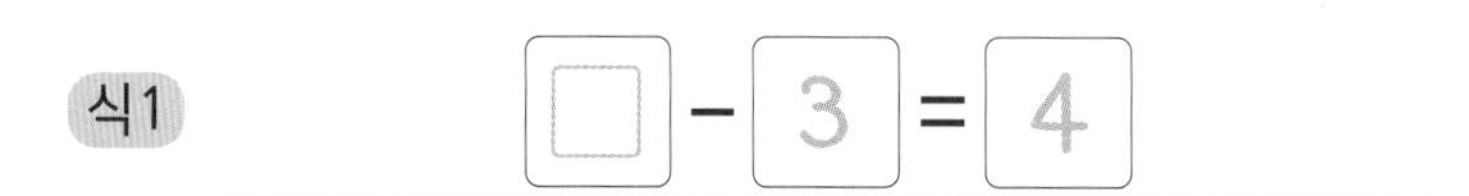
□ − 3 = 4

식2 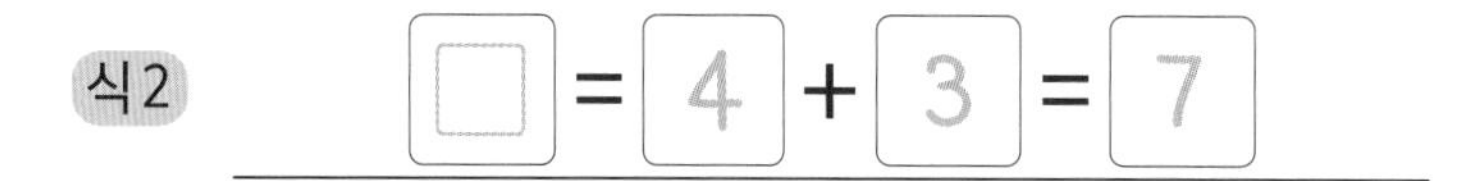
□ = 4 + 3 = 7

답 7

② 어떤 수에서 6을 뺐더니 1이 되었습니다. 어떤 수는 얼마인가요?

식1 □ − □ = □

식2 □ = □ + □ = □

답 ______

③ 어떤 수에서 1을 뺐더니 8이 되었습니다. 어떤 수는 얼마인가요?

식1 □ − □ = □

식2 □ = □ + □ = □

답 ______

④ 어떤 수에서 2를 뺐더니 6이 되었습니다. 어떤 수는 얼마인가요?

식1 □ − □ = □

식2 □ = □ + □ = □

답 ______

⑤ 쿠키 몇 개 중 4개를 먹었더니 2개가 남았습니다.
처음에 있던 쿠키는 몇 개인가요?

식 $\square-4=2$ 답 6개

⑥ 공원에서 놀던 몇 명의 아이 중 5명이 가서 4명이 남았습니다.
처음에 공원에서 놀던 아이는 몇 명인가요?

식 ______ 답 ______

⑦ 가지고 있던 스티커 몇 장 중 4장을 사용했더니 1장이 남았습니다.
처음에 있던 스티커는 몇 장인가요?

식 ______ 답 ______

⑧ 처음에 있던 풍선 몇 개 중 3개가 터져서 5개가 남았습니다.
처음에 있던 풍선은 몇 개인가요?

식 ______

답 ______

3일차

004단계 덧셈과 뺄셈의 관계 ①

□가 있는 뺄셈식 ②

어떤 수를 □로 하는 뺄셈식(식1)을 만들고, 덧셈과 뺄셈의 관계(식2)를 이용합니다.

① 6에서 어떤 수를 뺐더니 2가 되었습니다. 어떤 수는 얼마인가요?

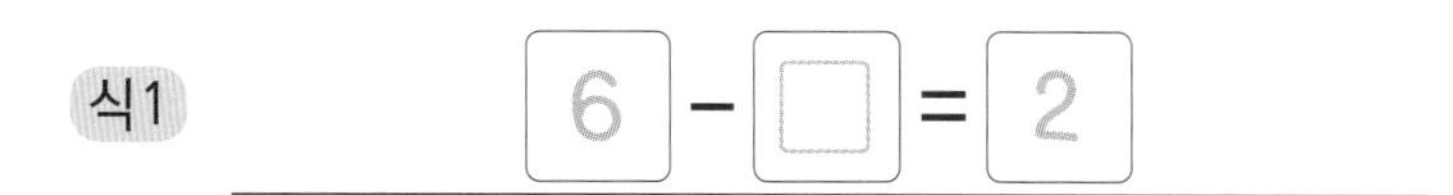

식1 6 − □ = 2

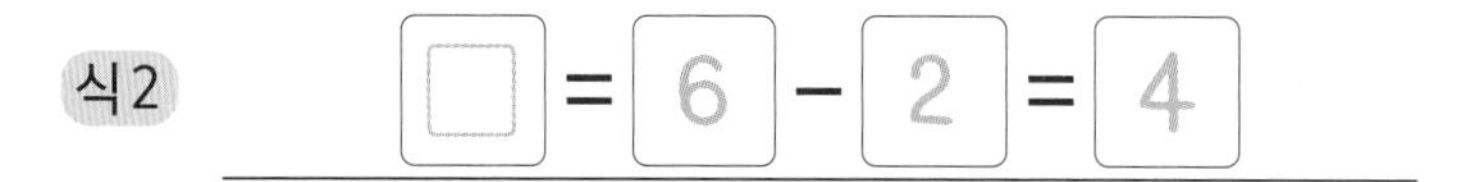

식2 □ = 6 − 2 = 4

답 4

② 9에서 어떤 수를 뺐더니 3이 되었습니다. 어떤 수는 얼마인가요?

식1 □ − □ = □

식2 □ = □ − □ = □

답

③ 8에서 어떤 수를 뺐더니 4가 되었습니다. 어떤 수는 얼마인가요?

식1 □ − □ = □

식2 □ = □ − □ = □

답

④ 3에서 어떤 수를 뺐더니 1이 되었습니다. 어떤 수는 얼마인가요?

식1 □ − □ = □

식2 □ = □ − □ = □

답

⑤ 4장의 색종이 중 몇 장을 사용하여 1장이 남았습니다.
사용한 색종이는 몇 장인가요?

식 4−□=1 답 3장

⑥ 5개의 달걀 중 몇 개를 먹어서 4개가 남았습니다.
먹은 달걀은 몇 개인가요?

식 답

⑦ 버스에 타고 있던 7명의 승객 중 몇 명이 내려서
2명이 남았습니다. 내린 승객은 몇 명인가요?

식

답

⑧ 9개의 동전 중 몇 개를 저금통에 넣었더니 5개가 남았습니다.
저금통에 넣은 동전은 몇 개인가요?

식 답

1 일차

005 단계 세 수의 덧셈과 뺄셈 ①

세 수의 덧셈

① 냉장고에 감자 2개, 오이 3개, 호박 1개가 있습니다.
냉장고에 있는 야채는 모두 몇 개인가요?

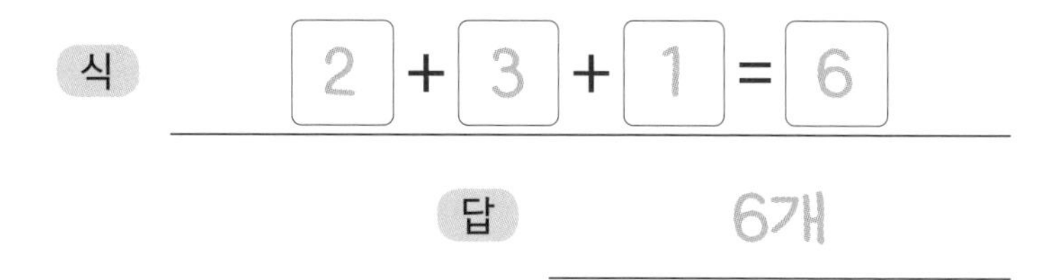

답 6개

② 제기차기를 하는데 또또가 4번, 민이가 2번, 무아가 2번 찼습니다.
세 사람은 제기를 모두 몇 번 찼나요?

식 ☐ + ☐ + ☐ = ☐ 답 ______

③ 우리 집은 고양이 2마리, 강아지 1마리, 병아리 5마리를 키웁니다.
우리 집에서 키우는 동물은 모두 몇 마리인가요?

식 ☐ + ☐ + ☐ = ☐ 답 ______

④ 호두과자를 언니가 3개, 내가 2개, 동생이 3개를 먹었습니다.
세 사람이 먹은 호두과자는 모두 몇 개인가요?

식 ☐ + ☐ + ☐ = ☐ 답 ______

⑤ 사과를 따는데 첫째 날은 1개, 둘째 날은 2개, 셋째 날은 3개를 땄습니다.
3일 동안 딴 사과는 모두 몇 개인가요?

식 ______________________ 답 ______________

⑥ 턱걸이를 하는데 형이 5개, 동생이 1개, 내가 2개를 했습니다.
세 사람은 턱걸이를 모두 몇 개 했나요?

식 ______________________ 답 ______________

⑦ 책꽂이에 위인전 3권, 과학동화 4권, 만화책 1권이 꽂혀 있습니다.
책꽂이에 꽂혀 있는 책은 모두 몇 권인가요?

식 ______________________ 답 ______________

⑧ 풀밭에 젖소 2마리, 개 1마리, 양 4마리가 있습니다.
풀밭에 있는 동물은 모두 몇 마리인가요?

식 ______________________

답 ______________

005 단계 세 수의 덧셈과 뺄셈 ①

세 수의 뺄셈

① 5개의 과자 중 내가 1개, 동생이 2개를 먹었습니다.
남은 과자는 몇 개인가요?

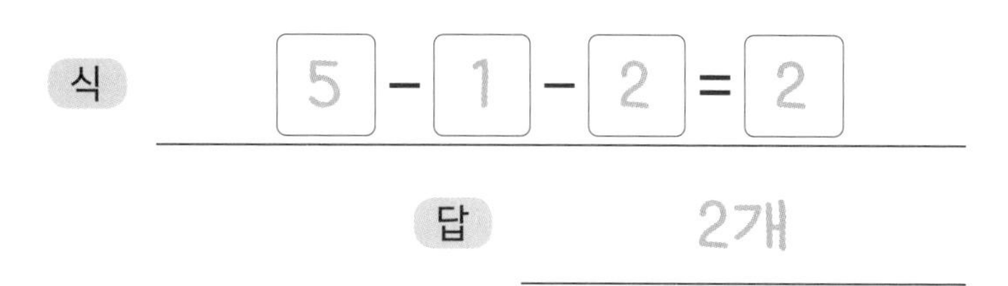

② 7개의 구슬 중 민이에게 2개, 소미에게 2개를 주었습니다.
남은 구슬은 몇 개인가요?

식 □ − □ − □ = □

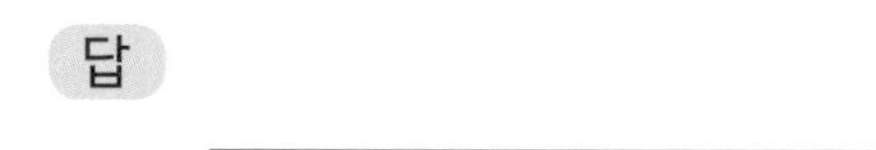

③ 풍선 9개 중 4개가 터지고, 또 1개가 터졌습니다.
남은 풍선은 몇 개인가요?

식 □ − □ − □ = □ 답 ______

④ 엘리베이터에 타고 있던 6명 중 먼저 3명이 내리고, 다음 층에서 2명이 내렸습니다.
엘리베이터에 남은 사람은 몇 명인가요?

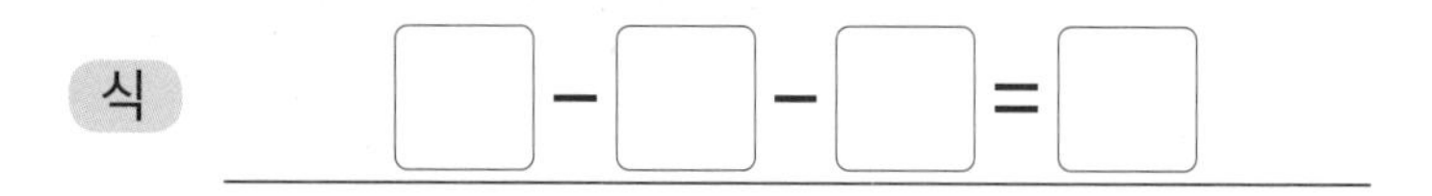

답 ______

⑤ 케이크 8개를 사서 2개는 가족들이 먹고, 3개는 선물을 했습니다.
남은 케이크는 몇 개인가요?

식 ______________________ 답 ______________

⑥ 색연필 9자루 중 3자루는 빨간색, 4자루는 노란색, 나머지는 보라색입니다.
보라색 색연필은 몇 자루인가요?

식 ______________________ 답 ______________

⑦ 놀이터에 있던 6명의 아이 중 2명이 가고, 잠시 후에 또 4명이 갔습니다.
놀이터에 남은 아이는 몇 명인가요?

식 ______________________ 답 ______________

⑧ 솜사탕 5개 중 3개가 팔리고, 또 1개가 팔렸습니다.
남은 솜사탕은 몇 개인가요?

식 ______________________

답 ______________

3 일차

005 단계

세 수의 덧셈과 뺄셈 ①

세 수의 덧셈과 뺄셈

① 2명이 타고 있던 버스에 7명이 더 타고, 5명이 내렸습니다.
지금 버스에는 몇 명이 타고 있나요?

식 [2] + [7] − [5] = [4]　　답 4명

② 스티커 5장이 있었는데 2장을 더 받았고, 3장을 사용했습니다.
남은 스티커는 몇 장인가요?

식 [ ] + [ ] − [ ] = [ ]　　답 ______

③ 연못에 8마리의 오리가 헤엄치다가 6마리가 가고,
다시 1마리가 왔습니다. 지금 연못에 있는 오리는
몇 마리인가요?

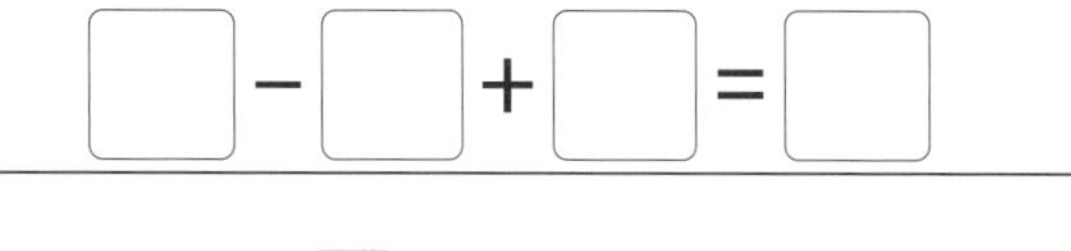

식 [ ] − [ ] + [ ] = [ ]

답 ______

④ 꽃병에 있는 5송이의 장미 중 시든 1송이를 빼고, 새로 4송이를 더 꽂았습니다.
지금 꽃병에 꽂힌 장미는 몇 송이인가요?

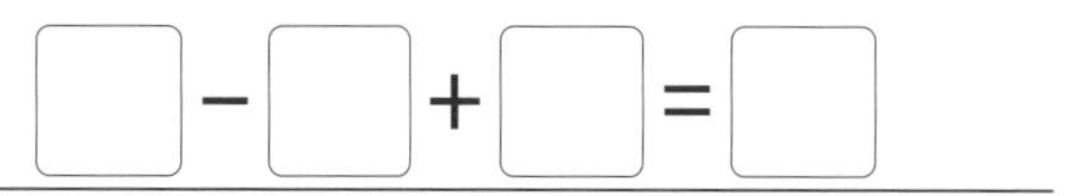

식 [ ] − [ ] + [ ] = [ ]　　답 ______

⑤ 나무에 참새 7마리가 앉아 있었는데 1마리가 더 날아오고, 4마리가 날아갔습니다. 나무에 앉아 있는 참새는 몇 마리인가요?

식 ____________________ 답 ____________

⑥ 도서관에 3명이 있었는데 4명이 더 오고, 2명이 갔습니다. 지금 도서관에는 몇 명이 있나요?

식 ____________________

답 ____________

⑦ 자두 9개를 따서 5개를 먹고, 다시 2개를 더 땄습니다. 지금 가지고 있는 자두는 몇 개인가요?

식 ____________________ 답 ____________

⑧ 블록 4개를 쌓았는데 3개가 쓰러지고, 다시 6개를 더 쌓았습니다. 쌓은 블록은 몇 개인가요?

식 ____________________ 답 ____________

1 일차

006 단계

(몇십)+(몇)

늘어난 값 구하기

① 공원에 비둘기 20마리가 있었는데 5마리가 더 날아왔습니다.
공원에 있는 비둘기는 모두 몇 마리인가요?

식 20 + 5 = 25　　답 25마리

② 50명이 타고 있는 코끼리 열차에 3명이 더 탔습니다.
코끼리 열차에 탄 사람은 모두 몇 명인가요?

식 ☐ + ☐ = ☐　　답 ______

③ 동화책을 어제까지 40쪽을 읽었고, 오늘 8쪽을 더 읽었습니다. 읽은 동화책은 모두 몇 쪽인가요?

식 ☐ + ☐ = ☐

답 ______

④ 달걀이 1개밖에 없어서 30개를 더 사 왔습니다.
달걀은 모두 몇 개인가요?

식 ☐ + ☐ = ☐　　답 ______

⑤ 소나무 10그루가 있었는데 4그루를 더 심었습니다.
소나무는 모두 몇 그루인가요?

식 ____________________ 답 ____________

⑥ 마스크 6장이 있었는데 70장을 더 샀습니다.
마스크는 모두 몇 장인가요?

식 ____________________ 답 ____________

⑦ 밭에서 당근 30개를 캐고, 9개를 더 캤습니다.
밭에서 캔 당근은 모두 몇 개인가요?

식 ____________________

답 ____________

⑧ 캠프 참가 신청자는 60명인데, 5명이 더 왔습니다.
캠프에 온 사람은 모두 몇 명인가요?

식 ____________________ 답 ____________

006 단계 (몇십)+(몇)

★ 두 수의 합 구하기

① 감나무 80그루, 복숭아나무 2그루가 있습니다.
감나무와 복숭아나무는 모두 몇 그루인가요?

식 80 + 2 = 82 답 82그루

② 오징어 60마리, 문어 1마리가 있습니다.
오징어와 문어는 모두 몇 마리인가요?

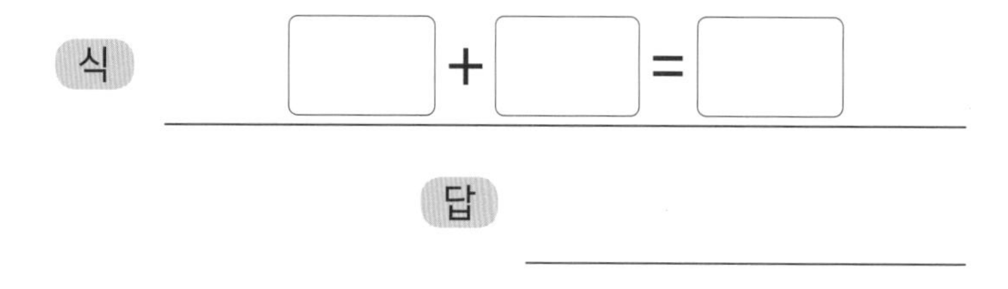

식 ☐ + ☐ = ☐ 답 ______

③ 닭꼬치 8개, 떡꼬치 20개가 있습니다.
꼬치는 모두 몇 개인가요?

식 ☐ + ☐ = ☐ 답 ______

④ 빨간 풍선 30개, 노란 풍선 7개가 있습니다.
풍선은 모두 몇 개인가요?

식 ☐ + ☐ = ☐ 답 ______

⑤ 흰 바둑돌 50개, 검은 바둑돌 6개가 있습니다.
바둑돌은 모두 몇 개인가요?

식 ______________________ 답 ______________

⑥ 꼬마 김밥 40줄, 일반 김밥 4줄이 있습니다.
김밥은 모두 몇 줄인가요?

식 ______________________ 답 ______________

⑦ 크림빵 10개, 바게트 3개가 있습니다.
크림빵과 바게트는 모두 몇 개인가요?

식 ______________________

답 ______________

⑧ 호박 5개, 오이 90개가 있습니다.
호박과 오이는 모두 몇 개인가요?

식 ______________________ 답 ______________

3 일차

006 단계 (몇십)+(몇)

더 많은 것의 수 구하기

① 튤립이 10송이 있고, 해바라기는 튤립보다 6송이 더 많습니다.
해바라기는 몇 송이인가요?

식 10 + 6 = 16 답 16송이

② 백 원짜리 동전이 70개 있고, 십 원짜리 동전은 백 원짜리보다 2개 더 많습니다.
십 원짜리 동전은 몇 개인가요?

식 ☐ + ☐ = ☐ 답

③ 꿀벌이 50마리 있고, 개미는 꿀벌보다 7마리 더 많습니다. 개미는 몇 마리인가요?

식 ☐ + ☐ = ☐

답

④ 탁구공이 80개 있고, 야구공은 탁구공보다 1개 더 많습니다.
야구공은 몇 개인가요?

식 ☐ + ☐ = ☐ 답

⑤ 세발자전거가 30대 있고, 두발자전거는 세발자전거보다 3대 더 많습니다.
두발자전거는 몇 대인가요?

식 ______________ 답 ______________

⑥ 김치만두가 60개 있고, 고기만두는 김치만두보다 8개
더 많습니다. 고기만두는 몇 개인가요?

식 ______________

답 ______________

⑦ 사과나무에서 사과를 40개 땄고, 감나무에서는 감을 사과보다 5개 더 많이 땄습니다.
감나무에서 딴 감은 몇 개인가요?

식 ______________ 답 ______________

⑧ 피자를 좋아하는 친구가 20명이고, 치킨을 좋아하는 친구는 피자를 좋아하는 친구보다
9명 더 많습니다. 치킨을 좋아하는 친구는 몇 명인가요?

식 ______________ 답 ______________

1 일차

007 단계 (몇십 몇)±(몇)

늘어난 값 구하기 / 줄어든 값 구하기

① 구슬이 23개 있었는데 누나가 5개를 더 주었습니다.
구슬은 모두 몇 개인가요?

식 23 + 5 = 28 답 28개

② 양파가 3개 있었는데 15개를 더 사 왔습니다.
양파는 모두 몇 개인가요?

식 □ + □ = □

답

③ 칭찬 스티커 37장을 모았는데 오늘 2장을 더 받았습니다.
칭찬 스티커는 모두 몇 장인가요?

식 답

④ 목장에 양이 64마리 있었는데, 새끼 양 4마리가 더 태어났습니다.
목장에 있는 양은 모두 몇 마리인가요?

식 답

⑤ 색종이 45장이 있었는데 종이학을 접는 데 3장을 사용했습니다.
남은 색종이는 몇 장인가요?

식 □ − □ = □ 답 ____

⑥ 초콜릿 상자에 초콜릿이 16개 들어 있었는데 그중 1개를 먹었습니다.
남은 초콜릿은 몇 개인가요?

식 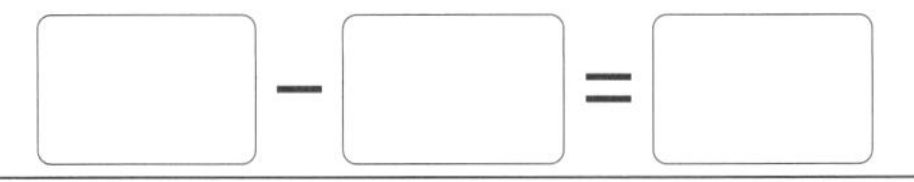 답 ____

⑦ 블록 55개 중 2개를 잃어버렸습니다.
남은 블록은 몇 개인가요?

식 ____

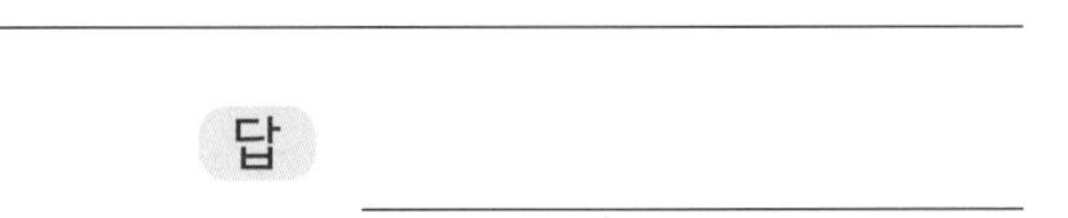

답 ____

⑧ 감자를 79개 캤는데 저녁 반찬으로 6개를 사용했습니다.
남은 감자는 몇 개인가요?

식 ____  답 ____

2 일차

007 단계 (몇십 몇)±(몇)

두 수의 합 구하기 / 두 수의 차 구하기

① 소미네 가족은 바닷가에서 조개 52개, 소라 2개를 주웠습니다.
소미네 가족이 주운 조개와 소라는 모두 몇 개인가요?

식 52 + 2 = 54　　답 54개

② 밤 2개와 도토리 33개가 있습니다.
밤과 도토리는 모두 몇 개인가요?

식 ☐ + ☐ = ☐　　답

③ 고속버스에 승객 36명과 운전기사님 1명이 타고 있습니다. 고속버스에 탄 사람은 모두 몇 명인가요?

식

답

④ 온실에 장미가 61송이, 튤립이 8송이 피었습니다.
온실에 핀 장미와 튤립은 모두 몇 송이인가요?

식　　답

⑤ 강가에 악어가 35마리, 하마가 5마리 있습니다.
악어는 하마보다 몇 마리 더 많은가요?

식 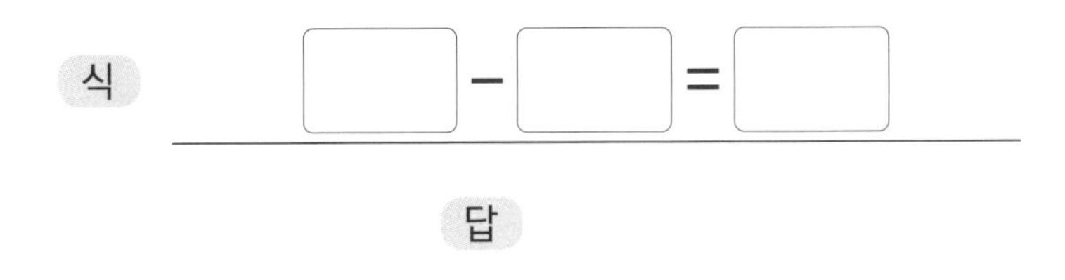

답 ____________

⑥ 어느 빵집에서 조각 케이크는 94개가 팔렸고, 롤케이크는 2개가 팔렸습니다.
조각 케이크는 롤케이크보다 몇 개 더 많이 팔렸나요?

식 ____________ 답 ____________

⑦ 바둑판 위에 흰 바둑돌이 49개, 검은 바둑돌이 4개 놓여 있습니다.
흰 바둑돌과 검은 바둑돌 중 어느 것이 몇 개 더 많은가요?

식 49 − 4 = 45 답 흰 바둑돌, 45개

⑧ 그림책이 86권, 과학책이 3권 있습니다.
그림책과 과학책 중 어느 것이 몇 권 더 많은가요?

식 ____________ 답 ________, ________

3일차 007단계 (몇십 몇)±(몇)

더 많은 것의 수 구하기 / 더 적은 것의 수 구하기

① 양 73마리가 있고, 염소는 양보다 5마리 더 많습니다. 염소는 몇 마리인가요?

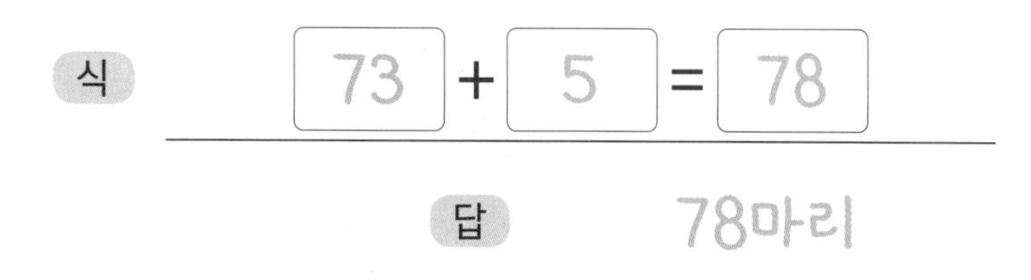

② 벚나무가 45그루 있고, 소나무는 벚나무보다 1그루 더 많습니다. 소나무는 몇 그루인가요?

식 ☐ + ☐ = ☐ 답 ________

③ 또또는 딱지를 21장 가지고 있고, 노마는 또또보다 2장 더 많이 가지고 있습니다. 노마가 가진 딱지는 몇 장인가요?

식 ________ 답 ________

④ 나는 당근을 4개 캤고, 아빠는 나보다 13개 더 많이 캤습니다. 아빠가 캔 당근은 몇 개인가요?

식 ________ 답 ________

⑤ 남학생이 39명 있고, 여학생은 남학생보다 7명 더 적습니다.
여학생은 몇 명인가요?

식 □ − □ = □ 답 ______

⑥ 오백 원짜리 동전이 53개 있고, 백 원짜리 동전은 오백 원짜리 동전보다 1개 더 적습니다.
백 원짜리 동전은 몇 개인가요?

식 □ − □ = □ 답 ______

⑦ 형은 조개를 88개 캤고, 내가 캔 조개는 형이 캔 것보다 6개 더 적습니다. 내가 캔 조개는 몇 개인가요?

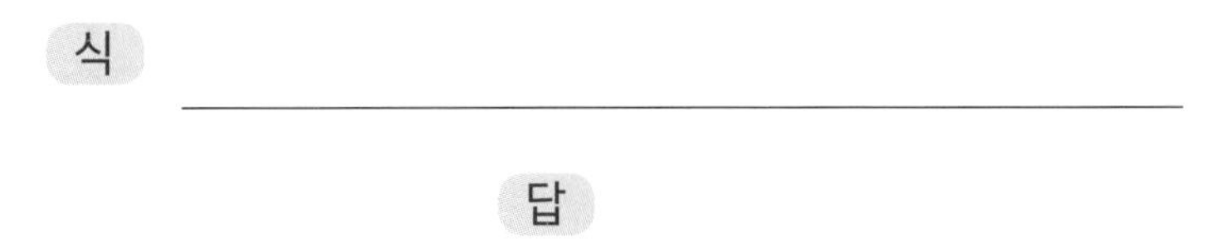

식 ______

답 ______

⑧ 할아버지의 연세는 67세이고, 할머니는 할아버지보다 4세 더 적습니다.
할머니의 연세는 몇 세인가요?

식 ______ 답 ______

1 일차

008 단계 (몇십)±(몇십), (몇십 몇)±(몇십 몇)

늘어난 값 구하기 / 줄어든 값 구하기

① 계단을 30개 올라가고, 다시 20개를 더 올라갔습니다.
올라간 계단은 모두 몇 개인가요?

식 30 + 20 = 50

답 50개

② 먹이를 옮기기 위해 개미 10마리가 왔고, 다시 70 마리가 더 왔습니다. 모인 개미는 모두 몇 마리인 가요?

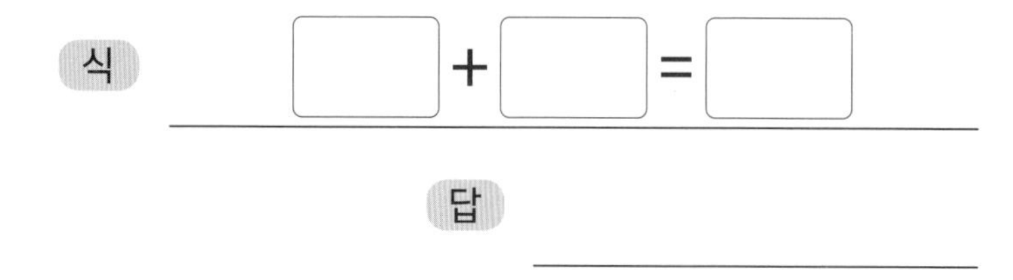

③ 풍선 24개를 날리고, 21개를 더 날렸습니다.
날린 풍선은 모두 몇 개인가요?

식

답

④ 영화를 보러 61명이 입장했고, 13명이 더 왔습니다.
영화를 보러 온 사람은 모두 몇 명인가요?

식

답

⑤ 감 60개를 따서 옆집에 40개를 주었습니다.
남은 감은 몇 개인가요?

식 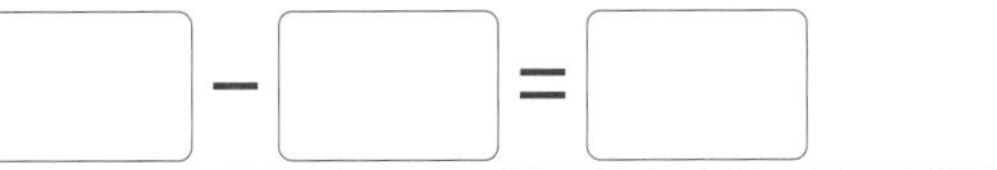

답

⑥ 공책 50권 중 20권을 학생들에게 나누어 주었습니다.
남은 공책은 몇 권인가요?

식 □ − □ = □

답

⑦ 공원에 있던 43마리의 비둘기 중 22마리가 날아갔습니다.
남은 비둘기는 몇 마리인가요?

식

답

⑧ 송편 87개를 만들어서 37개를 쪄 먹었습니다.
남은 송편은 몇 개인가요?

식

답

2 일차 008 단계 (몇십)±(몇십), (몇십 몇)±(몇십 몇)

★ 두 수의 합 구하기 / 두 수의 차 구하기

① 노란 구슬 40개와 초록 구슬 30개가 있습니다.
구슬은 모두 몇 개인가요?

② 시우가 모은 스티커는 33장이고, 아리가 모은 스티커는 21장입니다.
두 사람이 모은 스티커는 모두 몇 장인가요?

식 ☐ + ☐ = ☐ ________ 답 ________

③ 주차장에 승용차가 16대, 화물차가 73대 있습니다. 주차장에 있는 승용차와 화물차는 모두 몇 대인가요?

식 ________

답 ________

④ 농장에 돼지 20마리와 오리 55마리가 있습니다.
농장에 있는 돼지와 오리는 모두 몇 마리인가요?

식 ________ 답 ________

⑤ 운동장에 남학생이 70명, 여학생이 50명 있습니다.
남학생은 여학생보다 몇 명 더 많은가요?

식 ☐ − ☐ = ☐ 답 ________

⑥ 학급 문고에 동화책이 69권, 만화책이 40권 있습니다.
동화책은 만화책보다 몇 권 더 많은가요?

식 ________ 답 ________

⑦ 빵 가게에 단팥빵이 58개, 슈크림빵이 12개 있습니다.
단팥빵과 슈크림빵 중 어느 것이 몇 개 더 많은가요?

식 58 − 12 = 46 답

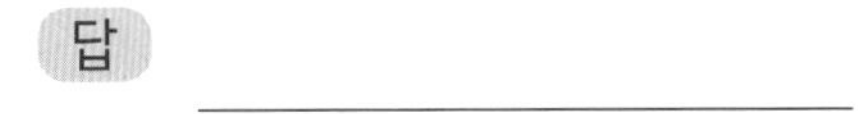

⑧ 화원에 빨간 카네이션이 95송이, 흰 카네이션이 33송이 있습니다. 빨간색과 흰색 중 무슨 색 카네이션이 몇 송이 더 많은가요?

식 ________

답 ________, ________

3 일차

008 단계 (몇십)±(몇십), (몇십 몇)±(몇십 몇)

더 많은 것의 수 구하기 / 더 적은 것의 수 구하기

① 연못에 잉어가 24마리 있고, 미꾸라지는 잉어보다 41마리 더 많습니다.
연못에 있는 미꾸라지는 몇 마리인가요?

식 24 + 41 = 65 답 65마리

② 고추를 땄는데 빨간색이 50개, 초록색은 빨간색보다 30개 더 많았습니다.
초록색 고추는 몇 개인가요?

식 ☐ + ☐ = ☐ 답 ______

③ 민트초코 맛을 싫어하는 사람이 32명이고, 좋아하는 사람은 싫어하는 사람보다 56명이 더 많았습니다. 민트초코 맛을 좋아하는 사람은 몇 명인가요?

식 ______

답 ______

④ 놀이공원에서 바이킹을 탄 사람은 43명이고, 회전목마를 탄 사람은 바이킹을 탄 사람보다 15명이 더 많았습니다. 회전목마를 탄 사람은 몇 명인가요?

식 ______ 답 ______

⑤ 태권도장을 다니는 남학생은 67명이고, 여학생은 남학생보다 25명 더 적습니다. 태권도장을 다니는 여학생은 몇 명인가요?

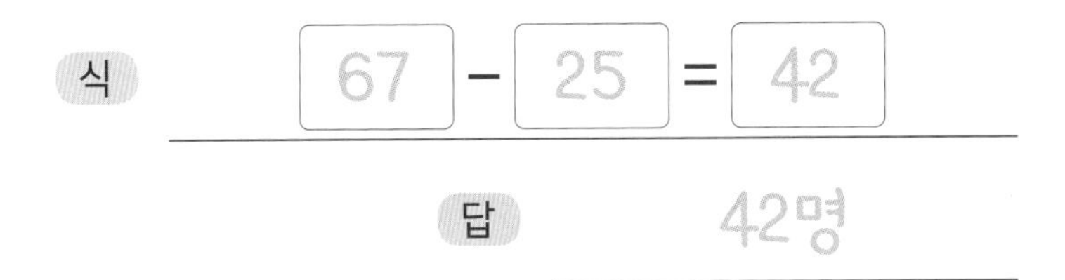

식 67 − 25 = 42

답 42명

⑥ 목장에 양이 80마리 있고, 젖소는 양보다 10마리 더 적습니다. 목장에 있는 젖소는 몇 마리인가요?

식 ☐ − ☐ = ☐ 답

⑦ 인형극을 보러 온 어린이는 92명이고, 어른은 어린이보다 50명 더 적습니다. 인형극을 보러 온 어른은 몇 명인가요?

식 답

⑧ 체육관에 야구공이 58개 있고, 농구공은 야구공보다 41개 더 적습니다. 체육관에 있는 농구공은 몇 개인가요?

식 답

1 일차

009 단계

10의 모으기와 가르기

10이 되게 모으기

'10이 되게 모으기'는 받아올림이 있는 덧셈을 할 때 많이 사용됩니다.

① 8과 몇을 모으기 하면 10이 되나요?

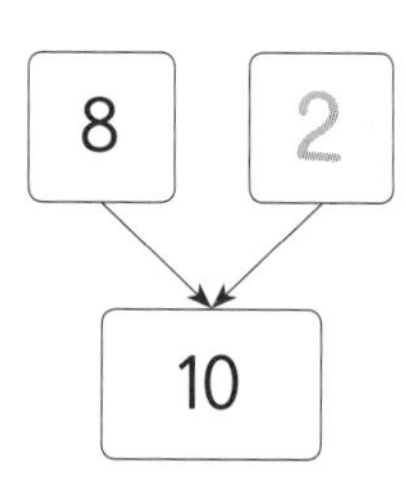

답 2

② 4와 몇을 모으기 하면 10이 되나요?

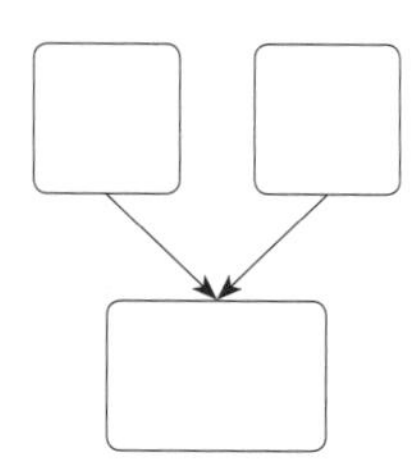

답

③ 몇과 5를 모으기 하면 10이 되나요?

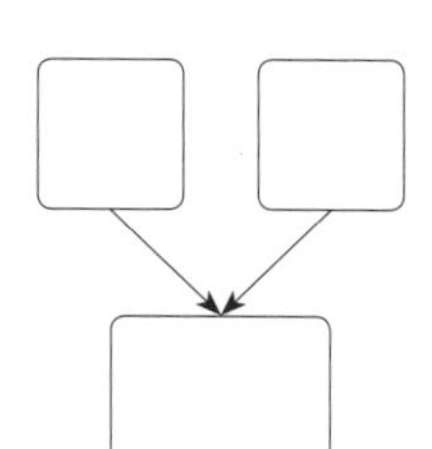

답

④ 몇과 7을 모으기 하면 10이 되나요?

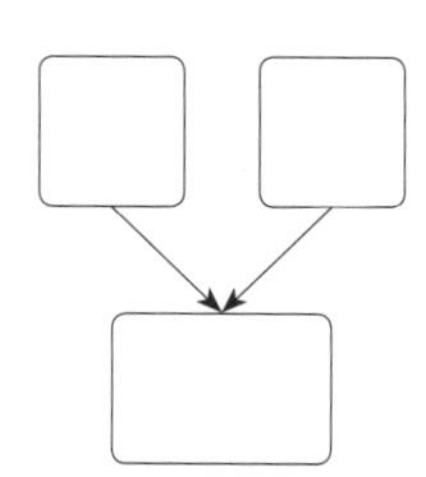

답

⑤ 수탉 3마리와 암탉 몇 마리를 모으기 하면 닭 10마리가 되나요?

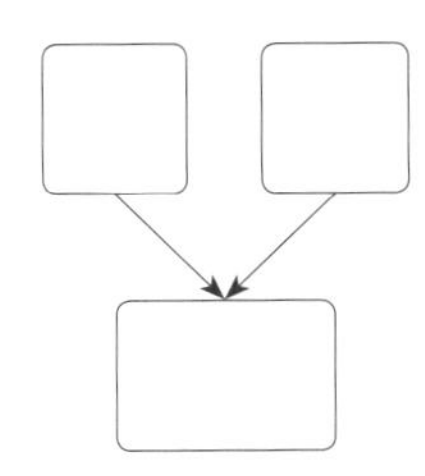

답 ____________

⑥ 노란 구슬 6개와 파란 구슬 몇 개를 모으기 하면 구슬 10개가 되나요?

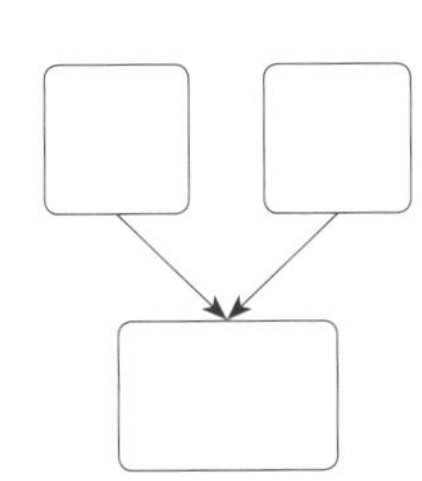

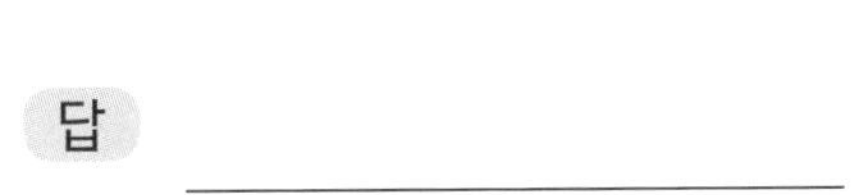

답 ____________

⑦ 장미 몇 송이와 튤립 1송이를 모으기 하면 꽃 10송이가 되나요?

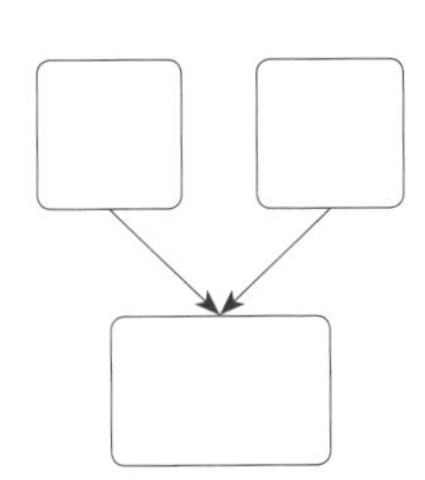

답 ____________

⑧ 일개미 몇 마리와 여왕개미 2마리를 모으기 하면 개미 10마리가 되나요?

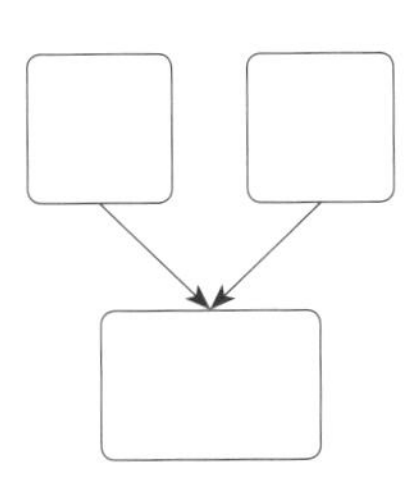

답 ____________

2 일차

009 단계 10의 모으기와 가르기

10을 가르기

'10을 가르기'는 받아내림이 있는 뺄셈을 할 때 많이 사용됩니다.

① 10을 7과 몇으로 가르기 할 수 있나요?

답 3

② 10을 5와 몇으로 가르기 할 수 있나요?

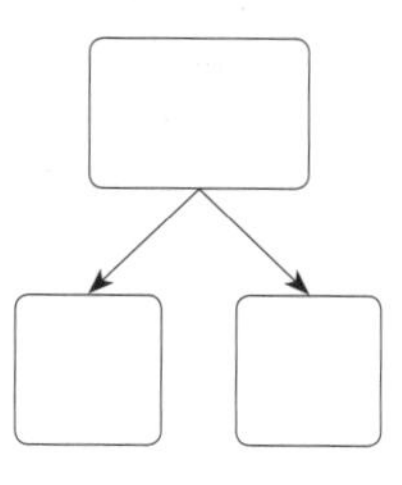

답 ______

③ 10을 몇과 9로 가르기 할 수 있나요?

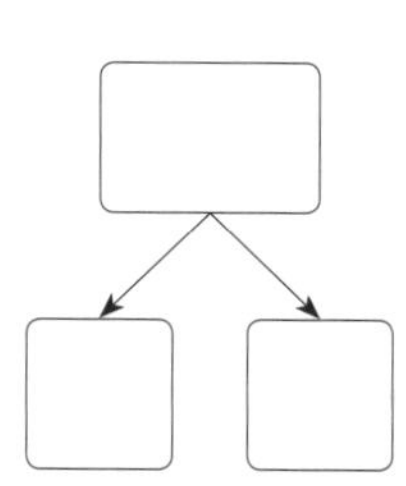

답 ______

④ 10을 몇과 6으로 가르기 할 수 있나요?

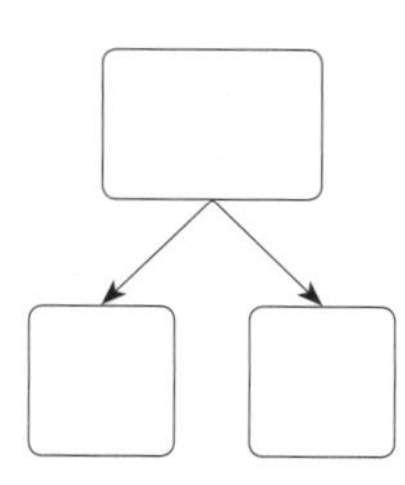

답 ______

⑤ 빵 10개를 2개와 몇 개로 가르기 할 수 있나요?

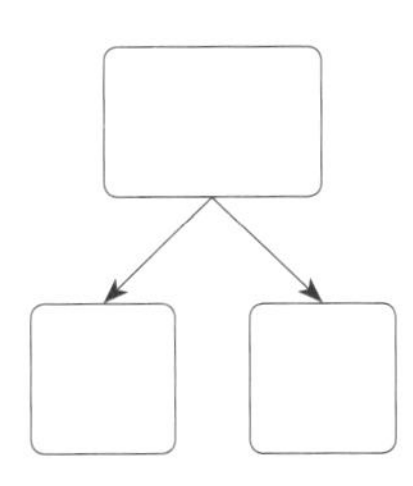

답 ______________

⑥ 아이들 10명을 4명과 몇 명으로 가르기 할 수 있나요?

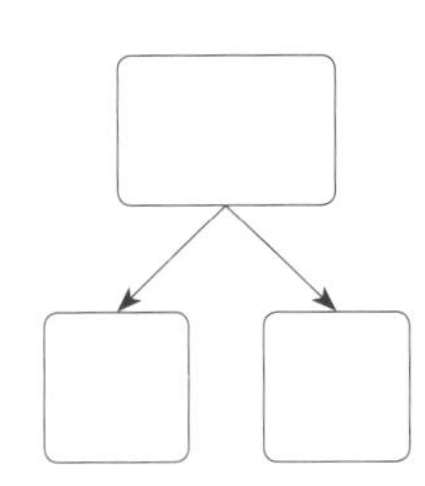

답 ______________

⑦ 토끼 10마리를 몇 마리와 8마리로 가르기 할 수 있나요?

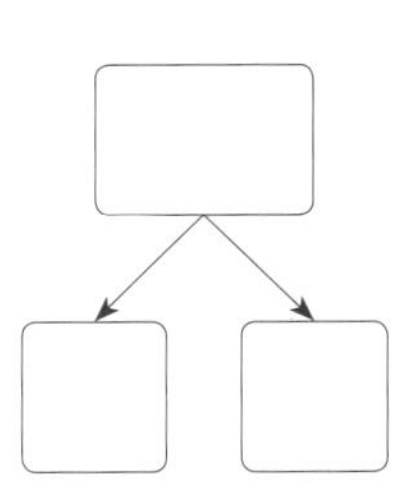

답 ______________

⑧ 나무 10그루를 몇 그루와 3그루로 가르기 할 수 있나요?

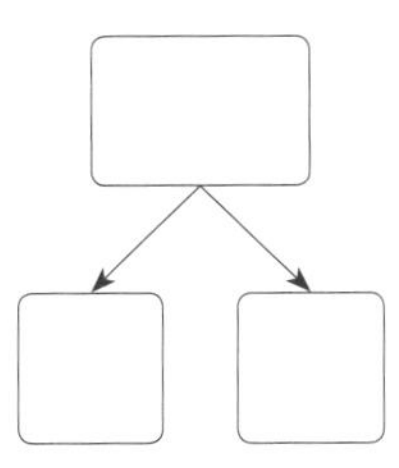

답 ______________

3 일차

009 단계

10의 모으기와 가르기

10이 되게 모으기 / 10을 가르기

① 2와 4와 몇을 모으기 하면 10이 되나요?

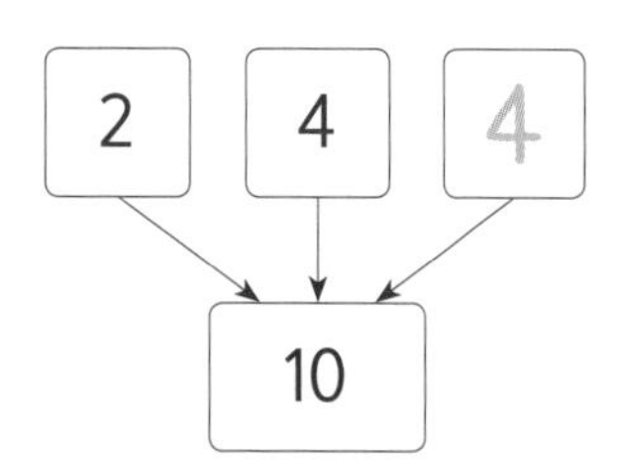

답 4

② 4와 몇과 3을 모으기 하면 10이 되나요?

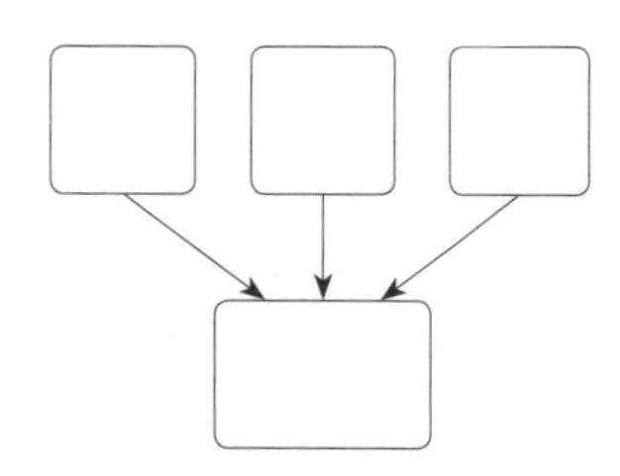

답

③ 병아리 몇 마리, 오리 1마리, 닭 8마리를 모으기 하여 10마리가 되었습니다. 병아리는 몇 마리인가요?

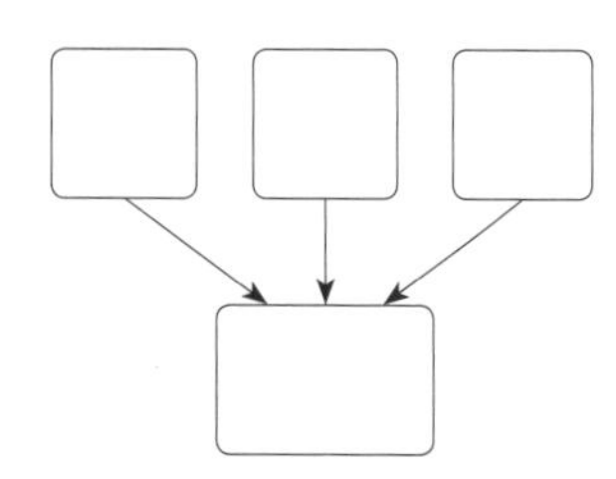

답

④ 양파 5개, 당근 몇 개, 감자 3개를 모으기 하여 10개가 되었습니다. 당근은 몇 개인가요?

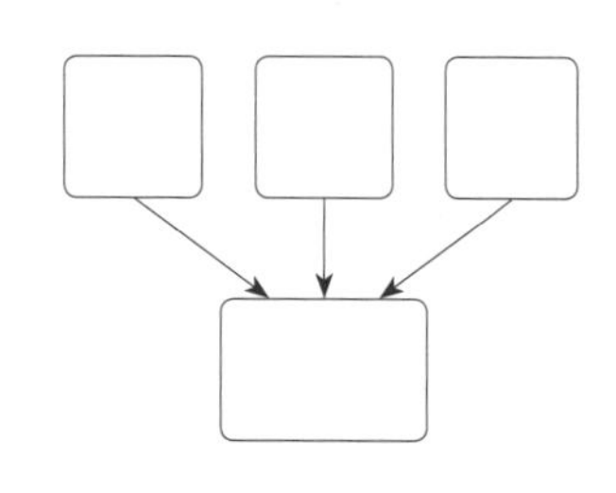

답

⑤ 10을 1과 3과 몇으로 가르기 할 수 있나요?

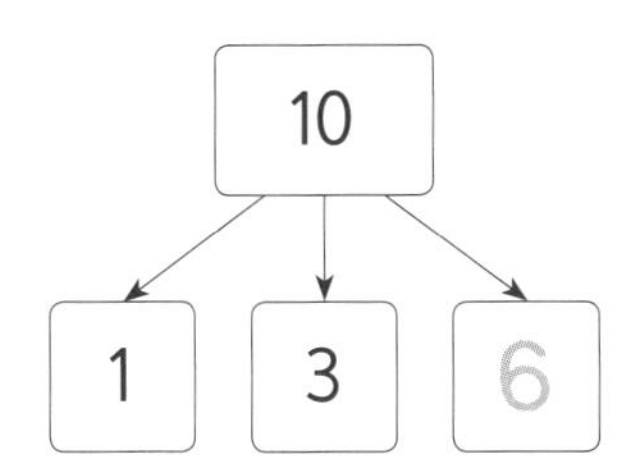

답 6

⑥ 10을 7과 몇과 2로 가르기 할 수 있나요?

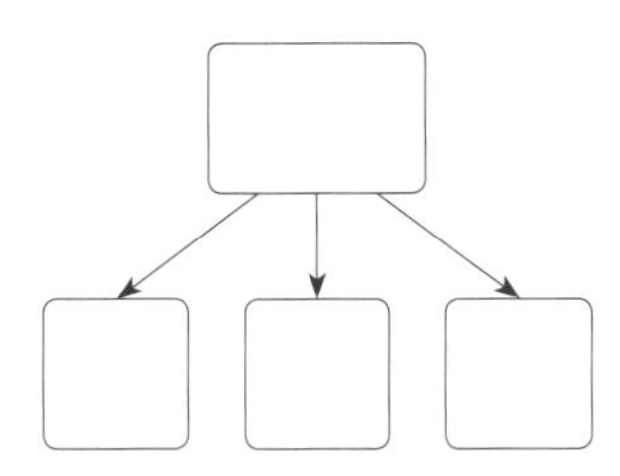

답

⑦ 사과 10개를 동생 3개, 언니 몇 개, 나 2개로 가르기 하여 나누었습니다. 언니가 가진 사과는 몇 개인가요?

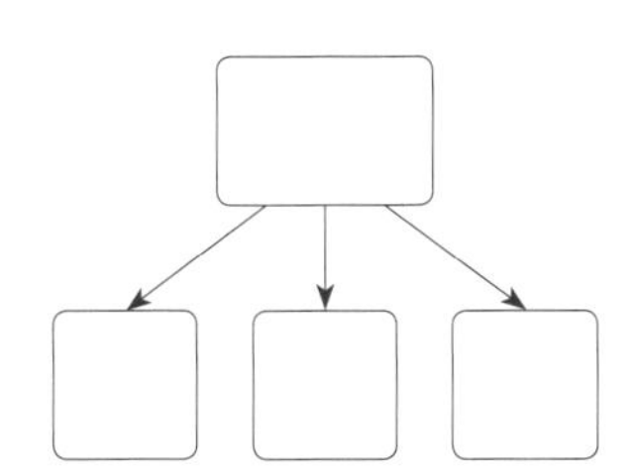

답

⑧ 구슬 10개를 주머니 세 개에 각각 몇 개, 3개, 6개로 가르기 하여 담았습니다. 첫째 주머니에 담은 구슬은 몇 개인가요?

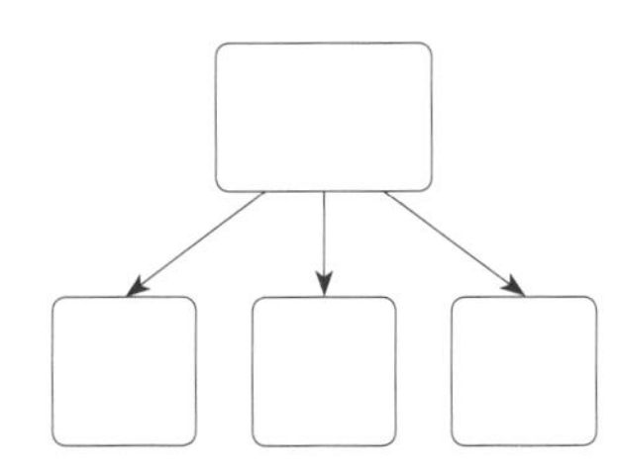

답

1 일차

010 단계

10의 덧셈과 뺄셈

10이 되는 덧셈

① 밤을 내가 6개, 동생이 몇 개 먹어서 모두 10개를 먹었습니다.
동생이 먹은 밤은 몇 개인가요?

'10이 되게 모으기'를 활용하면 쉽게 구할 수 있습니다.

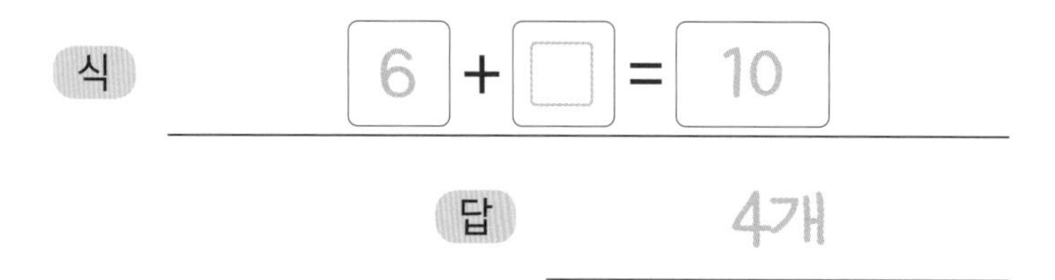

② 꽃모종을 어제 2개 심고, 오늘 몇 개 더 심어서 모두 10개를 심었습니다.
오늘 심은 꽃모종은 몇 개인가요?

식 □ + □ = □ 답 ______

③ 흰 토끼 몇 마리가 있었는데 검은 토끼 1마리가 더 와서 모두 10마리가 되었습니다.
흰 토끼는 몇 마리인가요?

식 □ + □ = □ 답 ______

④ 우표 몇 장이 있었는데 7장을 더 모아서 모두 10장이 되었습니다.
처음에 가지고 있던 우표는 몇 장인가요?

식 □ + □ = □ 답 ______

⑤ 빨간 구슬 9개, 노란 구슬 몇 개를 모아서 모두 10개가 되었습니다.
노란 구슬은 몇 개인가요?

식 9+□=10

답 1개

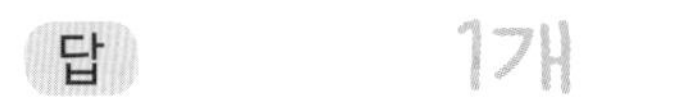

⑥ 버스에 3명이 타고 있었는데 몇 명이 더 타서 모두 10명이 되었습니다. 버스에 더 탄 사람은 몇 명인가요?

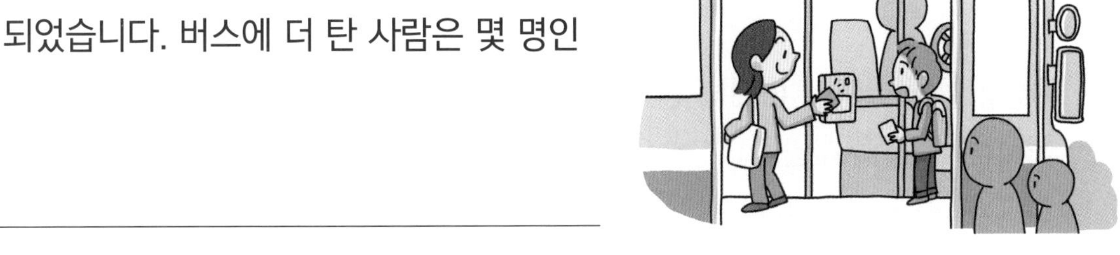

식

답

⑦ 백 원짜리 동전 몇 개와 오백 원짜리 동전 4개를 모아서 모두 10개가 되었습니다.
백 원짜리 동전은 몇 개인가요?

식

답

⑧ 오리 몇 마리가 있었는데 8마리가 더 와서 모두 10마리가 되었습니다.
처음에 있던 오리는 몇 마리인가요?

식

답

2 일차

010 단계 10의 덧셈과 뺄셈

10에서 빼기

① 묘목 10그루가 있었는데 몇 그루를 심었더니 5그루가 남았습니다.
심은 묘목은 몇 그루인가요?

'10을 가르기'를 활용하면 쉽게 구할 수 있습니다.

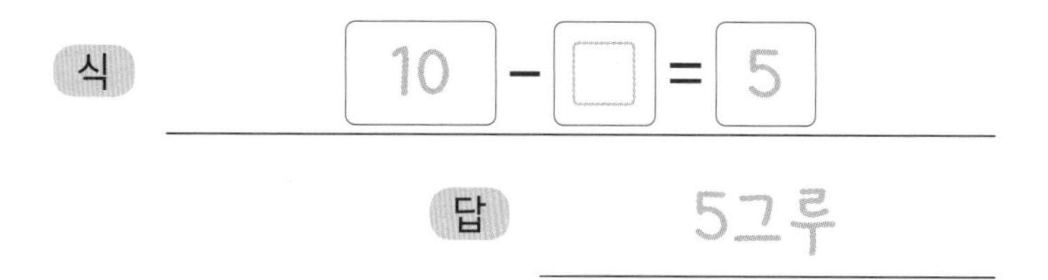

② 볼링공을 던졌더니 10개의 핀 중 몇 개가 쓰러지고 1개가 남았습니다.
쓰러진 핀은 몇 개인가요?

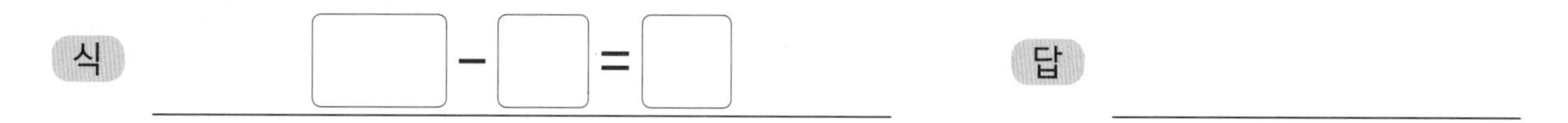

③ 나비 10마리 중 몇 마리가 날아가고 8마리가 남았습니다.
날아간 나비는 몇 마리인가요?

식 □ − □ = □ 답

④ 화단에 핀 10송이의 튤립 중 몇 송이가 시들어서 4송이가 남았습니다.
시든 튤립은 몇 송이인가요?

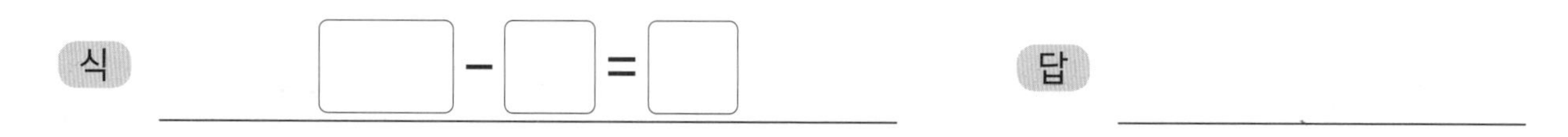

⑤ 농구공 10개 중 체육 수업에 사용하기 위해 몇 개를 가져가서 3개가 남았습니다.
체육 수업을 위해 가져간 농구공은 몇 개인가요?

식 10-=3 답 7개

⑥ 풍선 10개 중 몇 개를 놓쳐서 날아가고 2개가 남았습니다.
날아간 풍선은 몇 개인가요?

식 답

⑦ 붕어빵 10개 중 몇 개를 먹었더니 7개가 남았습니다.
먹은 붕어빵은 몇 개인가요?

식 답

⑧ 당근 10개 중 몇 개는 토끼에게 주고, 남은 6개는 말에
게 주었습니다. 토끼에게 준 당근은 몇 개인가요?

식

답

3일차 010단계 10의 덧셈과 뺄셈

10이 되는 덧셈과 10에서 빼기

① 꿀떡 5개와 구름떡 몇 개를 합하여 떡이 10개 있습니다.
구름떡은 몇 개인가요?

식 5 + □ = 10

답 5개

② 동화책 몇 권과 위인전 8권을 합하여 책이 10권 있습니다.
동화책은 몇 권인가요?

식 □ + □ = □

답

③ 군고구마 10개 중 몇 개를 먹고 나니 4개가 남았습니다.
먹은 군고구마는 몇 개인가요?

식 10 − □ = 4

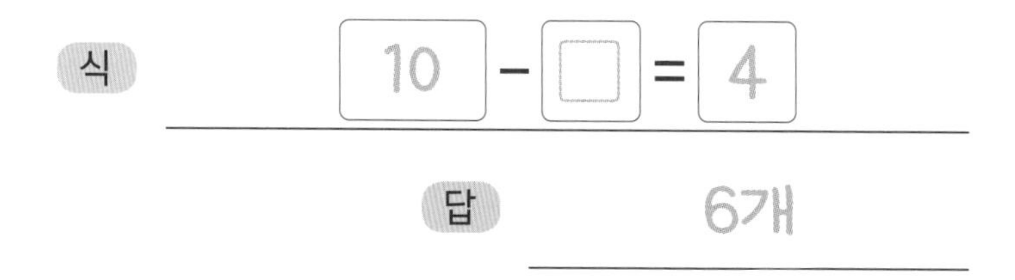

답 6개

④ 반 아이들 10명 중 우산을 가져온 친구의 수를 빼니 우산이 없는 친구가 9명입니다.
우산을 가져온 친구는 몇 명인가요?

식 □ − □ = □

답

날짜 　　월 　　일 시간 　　분 　　초 오답 수 　　/ 8

⑤ 할머니 댁은 7층이고 거기서 몇 층 더 올라간 10층에 우리 집이 있습니다. 우리 집은 할머니 댁에서 몇 층 더 올라가나요?

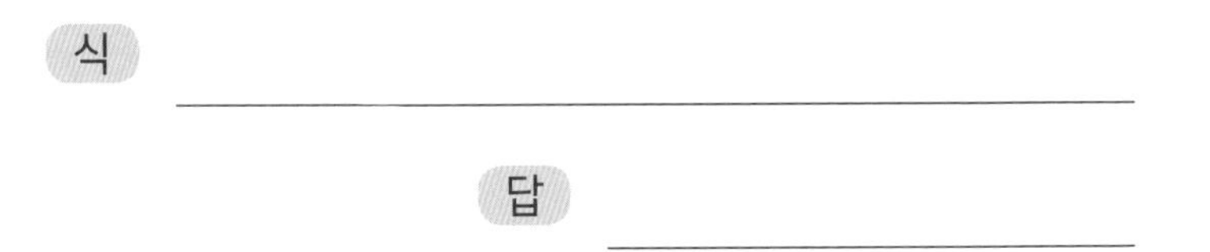

식 ____________________

답 ____________________

⑥ 햄버거 몇 개와 샌드위치 6개를 합하여 간식이 10개 있습니다. 햄버거는 몇 개인가요?

식 ____________________

답 ____________________

⑦ 색종이 10장 중 종이꽃을 접기 위해 몇 장을 사용했더니 남은 색종이가 2장입니다. 종이꽃을 접는 데 사용한 색종이는 몇 장인가요?

식 ____________________

답 ____________________

⑧ 주차장에 있던 10대의 차 중 몇 대가 나가서 3대가 남았습니다. 주차장에서 나간 차는 몇 대인가요?

식 ____________________

답 ____________________

1 일차

011 단계 세 수의 덧셈, 뺄셈

세 수의 연이은 덧셈

세 수의 덧셈 중 두 수의 합이 10이 되는 경우, 그 두 수를 먼저 더하면 쉬워요.

① 단팥빵 7개, 크림빵 3개, 소라빵 2개가 있습니다.
빵은 모두 몇 개인가요?

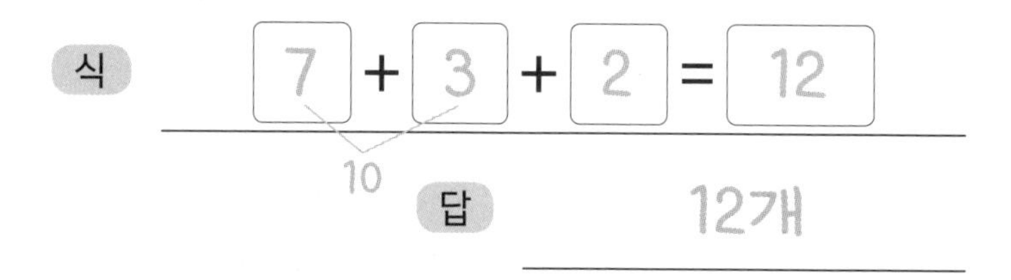

② 목장에 양이 9마리, 개가 1마리, 소가 5마리 있습니다.
목장에 있는 동물은 모두 몇 마리인가요?

식 ☐ + ☐ + ☐ = ☐ 답 ________

③ 제기차기를 하는데 처음에는 5번, 두 번째는 8번, 세 번째는 2번 찼습니다.
제기를 모두 몇 번 찼나요?

식 ☐ + ☐ + ☐ = ☐ 답 ________

④ 흰 우유가 6개, 딸기우유가 9개, 초코우유가 4개 있습니다.
우유는 모두 몇 개인가요?

식 ☐ + ☐ + ☐ = ☐ 답 ________

⑤ 고리던지기를 하여 내가 3개, 엄마가 7개, 동생이 1개를 걸었습니다.
걸린 고리는 모두 몇 개인가요?

식 ______________________ 답 ______________

⑥ 어제까지 책을 7권 읽었고, 오늘 1권을 읽고, 9권을 더 읽으려고 합니다.
책을 모두 몇 권 읽게 되나요?

식 ______________________ 답 ______________

⑦ 연못 안에 개구리 3마리가 있었는데 4마리가 더 오고, 6마리가 또 왔습니다. 연못 안에 개구리는 모두 몇 마리인가요?

식 ______________________

답 ______________

⑧ 계단을 5칸 올라가고, 6칸을 더 올라가고, 다시 5칸을 더 올라갔습니다.
올라간 계단은 모두 몇 칸인가요?

식 ______________________ 답 ______________

2 일차

011 단계 세 수의 덧셈, 뺄셈

세 수의 연이은 뺄셈 ①

세 수의 뺄셈 중 두 수의 차가 10이 되는 경우, 그 두 수를 먼저 계산하면 쉬워요.

① 달걀 13개 중 3개는 달걀프라이를 하고, 6개는 삶았습니다.
남은 달걀은 몇 개인가요?

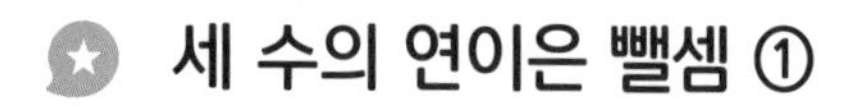

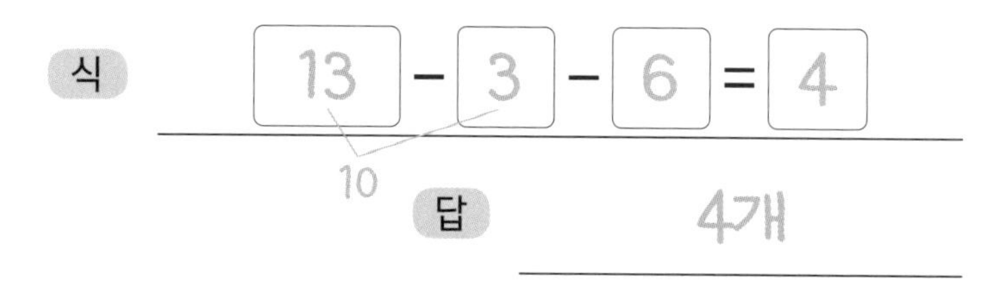

식 13 − 3 − 6 = 4

10

답 4개

② 버스에 타고 있던 15명 중 5명이 내리고, 다음 정류장에서 1명이 더 내렸습니다.
버스에 남은 사람은 몇 명인가요?

식 □ − □ − □ = □ 답 ____

③ 색종이 12장 중 4장으로 종이비행기를 접고, 2장으로 종이학을 접었습니다.
남은 색종이는 몇 장인가요?

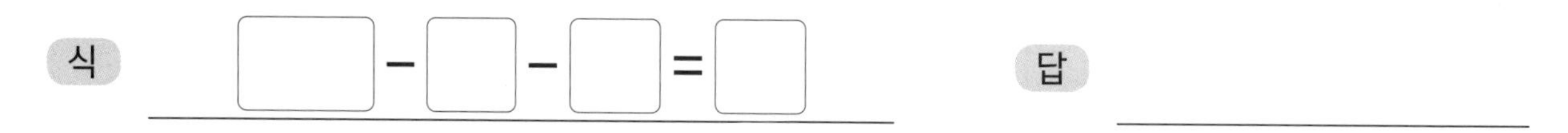

식 □ − □ − □ = □ 답 ____

④ 주차장에 있던 14대의 차 중 8대가 나가고, 4대가 더 나갔습니다.
주차장에 남아 있는 차는 몇 대인가요?

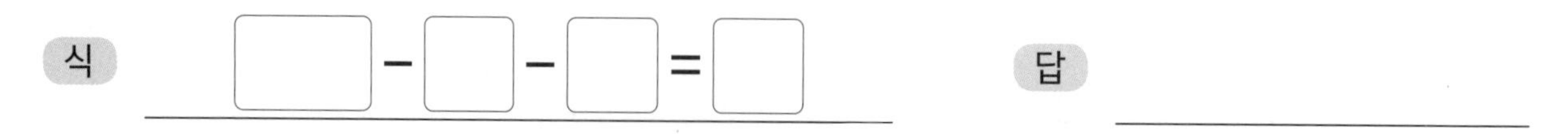

식 □ − □ − □ = □ 답 ____

⑤ 오백 원짜리 동전 18개 중 저금통에 8개를 넣고, 연필을 사는 데 5개를 썼습니다. 남은 오백 원짜리 동전은 몇 개인가요?

식 ______________________

답 ______________

⑥ 색연필 11자루 중 1자루는 빨간색이고, 7자루는 파란색이고, 나머지는 노란색입니다. 노란색 색연필은 몇 자루인가요?

식 ______________________ 답 ______________

⑦ 스티커 13장 중 2장은 꾸미는 데 사용하고, 3장은 포장하는 데 사용했습니다. 남은 스티커는 몇 장인가요?

식 ______________________ 답 ______________

⑧ 나뭇가지에 앉아 있던 참새 16마리 중 3마리가 날아가고, 또 6마리가 날아갔습니다. 남아 있는 참새는 몇 마리인가요?

식 ______________________ 답 ______________

3일차

011 단계 세 수의 덧셈, 뺄셈

세 수의 연이은 뺄셈 ②

① 화단에 핀 19송이의 꽃 중 2송이는 목단이고, 7송이는 튤립이고, 나머지는 장미입니다. 화단에 핀 장미는 몇 송이인가요?

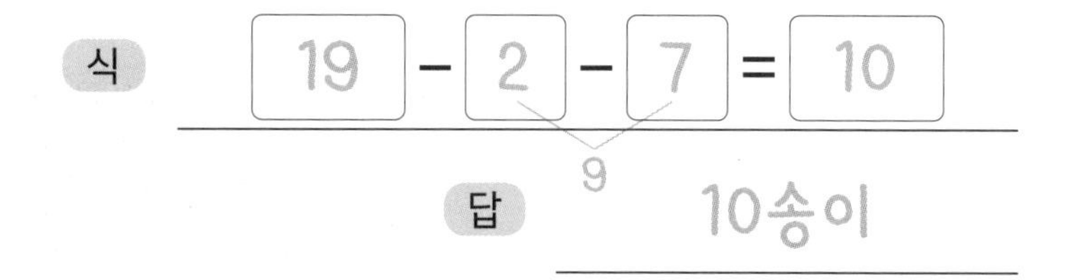

세 수의 뺄셈 중 2를 빼고 또 7을 빼는 것이 9를 빼는 것과 같음을 이용하면 계산이 쉬워요.

② 운동장에서 놀던 14명의 아이들 중 2명은 교실로 들어가고, 2명은 집으로 갔습니다. 운동장에 남은 아이들은 몇 명인가요?

식 $\square - \square - \square = \square$ 답 ______

③ 바구니 안에 과일이 16개 있는데 1개는 멜론, 5개는 사과, 나머지는 자두입니다. 바구니 안에 있는 자두는 몇 개인가요?

식 $\square - \square - \square = \square$ 답 ______

④ 오이 15개를 땄는데 내가 3개, 동생이 2개를 따고, 나머지는 형이 땄습니다. 형이 딴 오이는 몇 개인가요?

식 $\square - \square - \square = \square$ 답 ______

⑤ 재건축을 앞두고 17가구가 살던 빌라에서 6가구가 이사를 가고, 또 1가구가 이사를 갔습니다. 남아 있는 가구는 몇 가구인가요?

식 ______________________ 답 ______________

⑥ 13층에서 1층은 뛰어 내려오고, 2층은 걸어 내려왔습니다.
지금 있는 곳은 몇 층인가요?

식 ______________________ 답 ______________

⑦ 가지고 있던 구슬 18개 중 4개는 친구를 주고, 4개는 잃어버렸습니다.
남은 구슬은 몇 개인가요?

식 ______________________ 답 ______________

⑧ 매표소에 줄 서 있는 12명 중 1명이 표를 사 가고, 또 1명이 사 갔습니다. 남은 사람은 몇 명인가요?

식 ______________________

답 ______________

1 일차

012단계 받아올림이 있는 (몇)+(몇)

늘어난 값 구하기

① 화단에 백합이 9송이 피어 있었는데 3송이가 더 피었습니다. 화단에 핀 백합은 모두 몇 송이인가요?

식 9 + 3 = 12

9 + 1 + 2

답 12송이

② 주차장에 차가 8대 있었는데 5대가 더 들어왔습니다. 주차장에 있는 차는 모두 몇 대인가요?

식 □ + □ = □

답 ________

③ 아침에 일어나 책을 4쪽 읽고, 이어서 8쪽을 더 읽었습니다. 책을 모두 몇 쪽 읽었나요?

식 □ + □ = □

답 ________

④ 놀이터에 6명의 아이들이 놀고 있었는데 6명이 더 왔습니다. 놀이터에 있는 아이들은 모두 몇 명인가요?

식 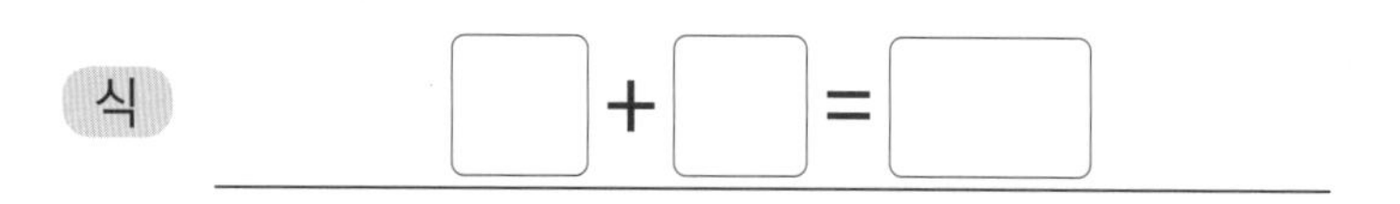

답 ________

⑤ 바구니에 감자 7개를 캐어 담고, 6개를 더 캐어 담았습니다.
바구니에 담긴 감자는 모두 몇 개인가요?

식 ______________________ 답 ______________

⑥ 어느 빵집에 케이크 5개가 있었는데 7개를 더 구웠습니다.
이 빵집에 있는 케이크는 모두 몇 개인가요?

식 ______________________

답 ______________

⑦ 길고양이 3마리가 놀고 있었는데 8마리가 더 왔습니다.
길고양이는 모두 몇 마리인가요?

식 ______________________ 답 ______________

⑧ 우유를 따르는데 9잔을 따르고 4잔을 더 따랐습니다.
우유는 모두 몇 잔인가요?

식 ______________________ 답 ______________

012 단계 받아올림이 있는 (몇)+(몇)

두 수의 합 구하기

① 어느 주차장에 버스가 8대, 트럭이 7대 있습니다.
이 주차장에 있는 버스와 트럭은 모두 몇 대인가요?

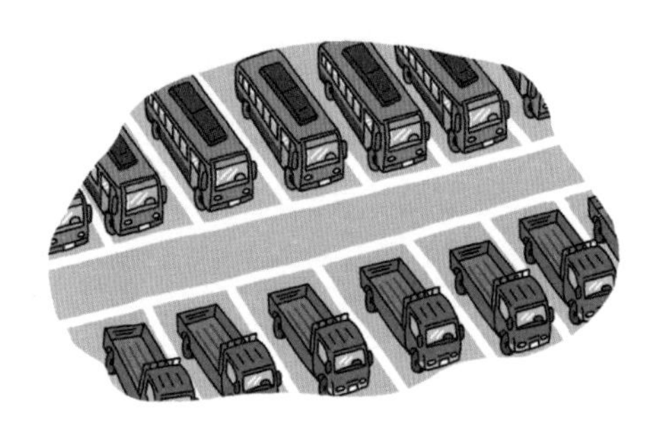

식 8 + 7 = 15

답 15대

② 나뭇가지 위에 까마귀가 5마리, 까치가 6마리 앉아 있습니다.
나뭇가지 위에 앉아 있는 까마귀와 까치는 모두 몇 마리인가요?

식 □ + □ = □

답 ______

③ 길가에 은행나무가 3그루, 소나무가 9그루 있습니다.
길가에 있는 은행나무와 소나무는 모두 몇 그루인가요?

식 □ + □ = □

답 ______

④ 상자 안에 빨간 리본 8개, 파란 리본 8개가 들어 있습니다.
상자 안에 들어 있는 빨간 리본과 파란 리본은 모두 몇 개인가요?

식 □ + □ = □

답 ______

⑤ 냉장고에 참외가 9개, 토마토가 5개 들어 있습니다.
냉장고에 들어 있는 참외와 토마토는 모두 몇 개인가요?

식 ______________________ 답 ______________

⑥ 소미의 책꽂이에 그림책이 7권, 만화책이 8권 꽂혀 있습니다.
소미의 책꽂이에 꽂힌 그림책과 만화책은 모두 몇 권인가요?

식 ______________________ 답 ______________

⑦ 푸른 하늘에 풍선이 4개, 연이 7개 떠 있습니다.
하늘에 떠 있는 풍선과 연은 모두 몇 개인가요?

식 ______________________ 답 ______________

⑧ 진열대 위에 양말이 6켤레, 장갑이 9켤레 놓여 있습니다.
진열대 위에 놓여 있는 양말과 장갑은 모두 몇 켤레인
가요?

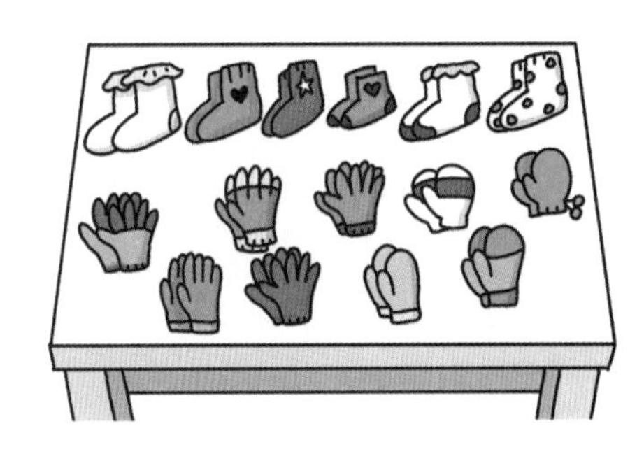

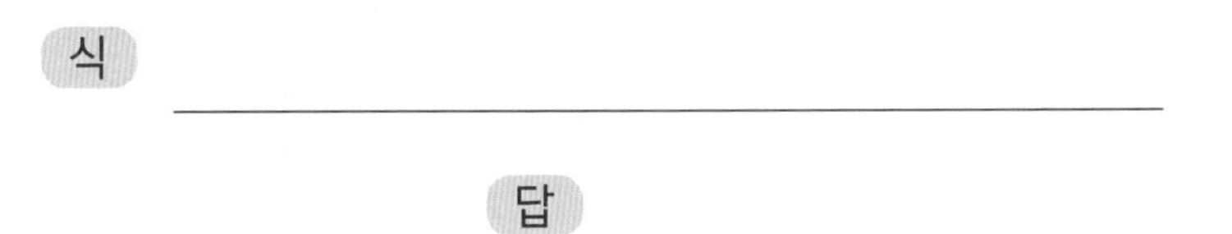

식 ______________________

답 ______________

012단계 받아올림이 있는 (몇)+(몇)

★ 더 많은 것의 수 구하기

① 문어가 7마리 있고, 오징어는 문어보다 5마리 더 많습니다.
오징어는 몇 마리인가요?

식 [7] + [5] = [12]　　답 12마리

② 복숭아가 9개 있고, 자두는 복숭아보다 6개 더 많습니다.
자두는 몇 개인가요?

식 [ ] + [ ] = [ ]　　답 ______

③ 뮤지컬에 출연하는 남자는 5명이고, 여자는 남자보다 8명 더 많습니다.
뮤지컬에 출연하는 여자는 몇 명인가요?

식 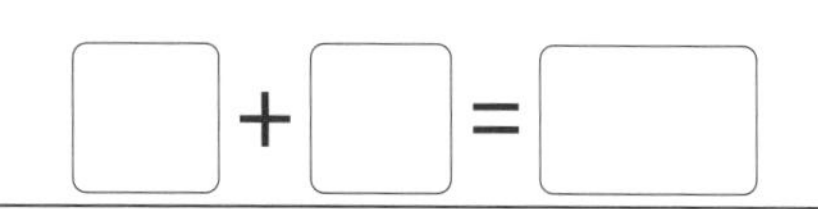　　답 ______

④ 바지가 4벌이고, 티셔츠는 바지보다 9벌 더 많습니다. 티셔츠는 몇 벌인가요?

식 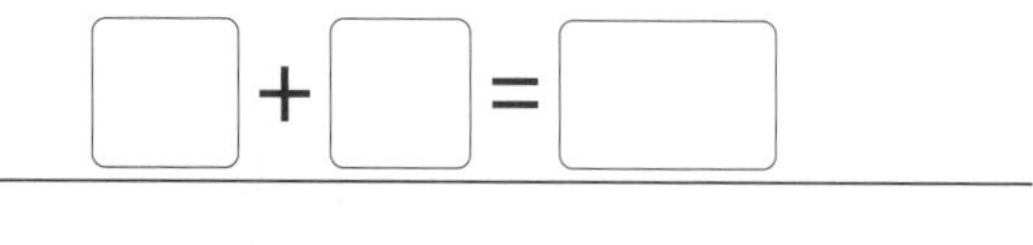

답 ______

⑤ 참치김밥은 9줄이고, 소고기김밥은 참치김밥보다 2줄이 더 많습니다. 소고기김밥은 몇 줄인가요?

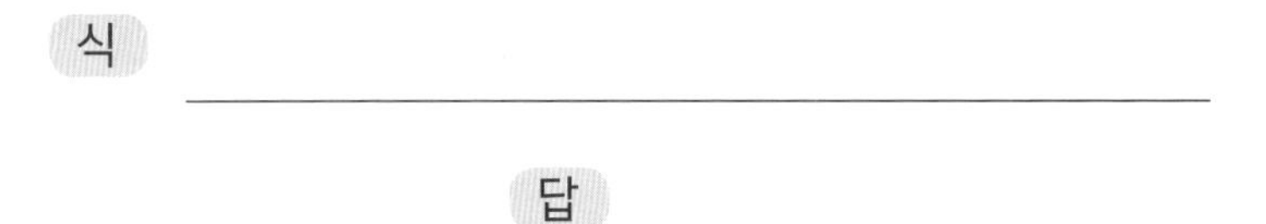

⑥ 곰 인형이 6개 있고, 강아지 인형은 곰 인형보다 8개 더 많습니다. 강아지 인형은 몇 개인가요?

식 ________________ 답 ________

⑦ 호박고구마는 8개이고, 밤고구마는 호박고구마보다 9개 더 많습니다. 밤고구마는 몇 개인가요?

식 ________________ 답 ________

⑧ 아이스크림을 사 왔는데 체리 맛은 7개이고, 민트초코 맛은 체리 맛보다 7개가 더 많습니다. 민트초코 맛 아이스크림은 몇 개인가요?

식 ________________ 답 ________

1 일차

013 단계 받아내림이 있는 (십 몇)-(몇)

줄어든 값 구하기

① 숲속에서 원숭이 11마리가 놀고 있었는데 4마리가 갔습니다.
남아 있는 원숭이는 몇 마리인가요?

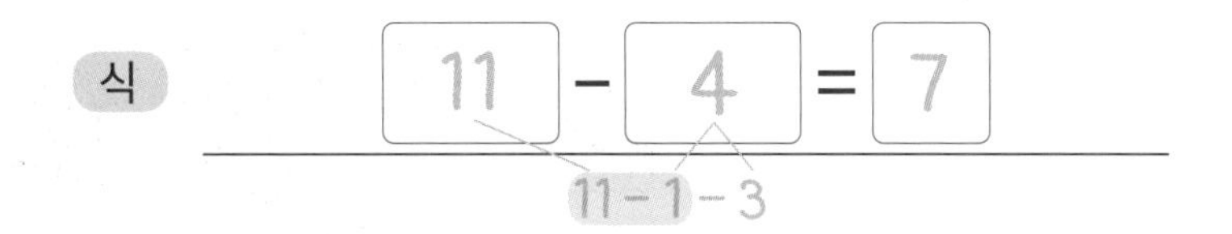

② 생일 케이크에 촛불이 15개 켜져 있었는데 입으로 불어 7개가 꺼졌습니다.
남은 촛불은 몇 개인가요?

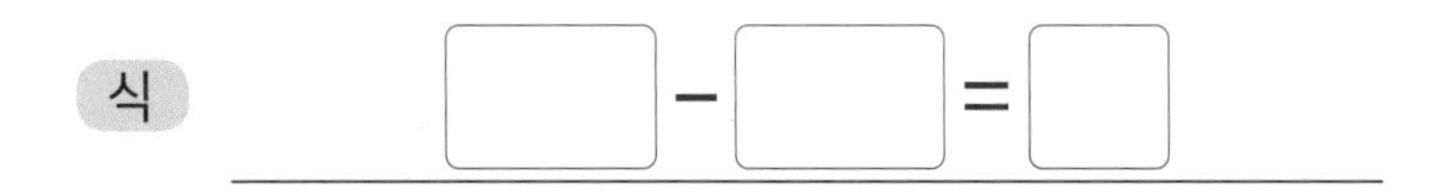

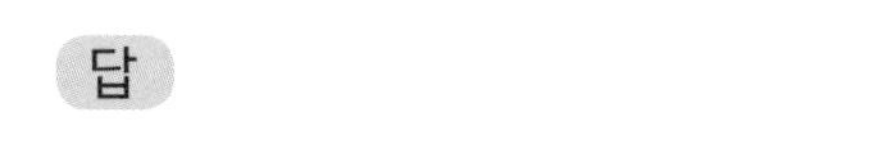

③ 화원에 있던 13개의 화분 중 8개가 팔렸습니다.
남은 화분은 몇 개인가요?

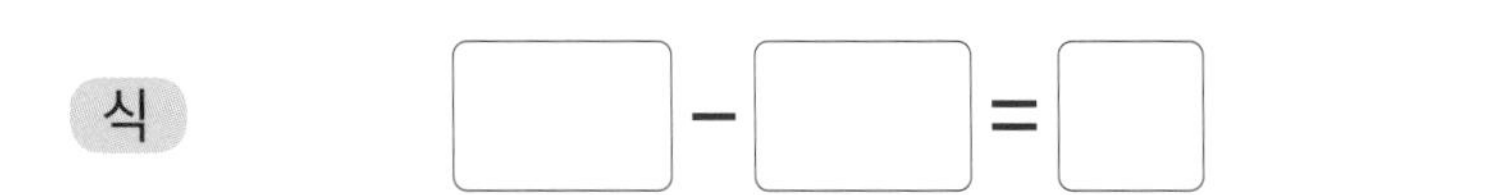

답

④ 오리알 16개 중 요리하는 데 9개를 사용했습니다.
남은 오리알은 몇 개인가요?

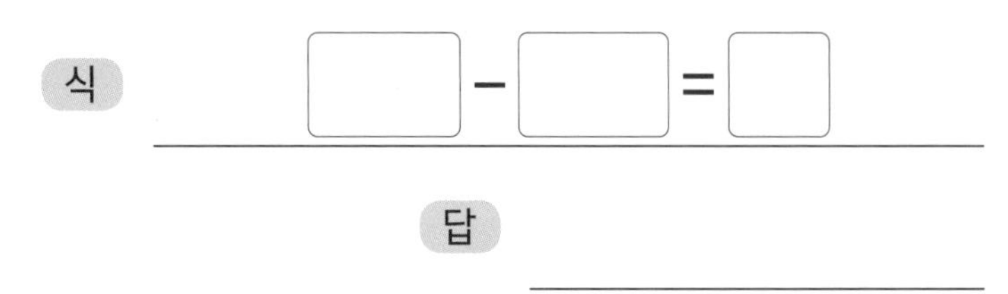

⑤ 옷 정리를 하며 티셔츠 12벌 중 5벌을 버렸습니다.
남은 티셔츠는 몇 벌인가요?

식 ______________________ 답 ______________

⑥ 참외 13개 중 6개를 옆집에 나누어 주었습니다.
남은 참외는 몇 개인가요?

식 ______________________

답 ______________

⑦ 비행장에 있던 17대의 경비행기 중 8대가 날아올랐습니다.
비행장에 남은 경비행기는 몇 대인가요?

식 ______________________ 답 ______________

⑧ 백 원짜리 동전 14개 중 7개를 저금통에 넣었습니다.
남은 백 원짜리 동전은 몇 개인가요?

식 ______________________ 답 ______________

013 단계 받아내림이 있는 (십 몇)-(몇)

두 수의 차 구하기

① 신발장에 운동화가 13켤레, 구두가 4켤레 있습니다.
운동화는 구두보다 몇 켤레 더 많은가요?

식 13 - 4 = 9　　답 9켤레

② 운동장에서 축구하는 친구는 12명, 농구하는 친구는 3명입니다.
축구하는 친구는 농구하는 친구보다 몇 명 더 많은가요?

식 ☐ - ☐ = ☐　　답 ______

③ 강가에 모터보트가 16대, 오리 배가 8대 있습니다.
모터보트와 오리 배 중 어느 것이 몇 대 더 많은가요?

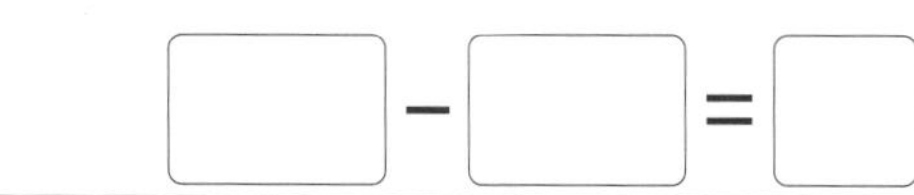

식 ☐ - ☐ = ☐

답 ______, ______

④ 편의점에 삼각김밥 중 참치마요가 17개, 소고기고추장이 9개 있습니다.
참치마요와 소고기고추장 중 어느 것이 몇 개 더 많은가요?

식 ☐ - ☐ = ☐　　답 ______, ______

⑤ 교실에 우산을 가져온 학생은 11명, 비옷을 가져온 학생은 2명입니다. 우산을 가져온 학생은 비옷을 가져온 학생보다 몇 명 더 많은가요?

식

답

⑥ 버스 종점에 시내버스가 18대, 마을버스가 9대 있습니다. 시내버스는 마을버스보다 몇 대 더 많은가요?

식 답

⑦ 친구들 중에 강아지를 키우는 친구가 14명, 고양이를 키우는 친구가 6명 있습니다. 강아지와 고양이 중 어느 것을 키우는 친구가 몇 명 더 많은가요?

식 답 ,

⑧ 공원에 인라인스케이트를 타는 사람이 15명, 스케이트보드를 타는 사람이 8명입니다. 인라인스케이트와 스케이트보드 중 어느 것을 타는 사람이 몇 명 더 많은가요?

식 답 ,

013 단계 받아내림이 있는 (십 몇)-(몇)

더 적은 것의 수 구하기

① 빵집에 크림빵이 14개 있고, 단팥빵은 크림빵보다 5개 더 적습니다.
빵집에 있는 단팥빵은 몇 개인가요?

식 14 - 5 = 9　　답 9개

② 마을버스에 남자는 11명이 타고 있고, 여자는 남자보다 6명이 더 적습니다.
마을버스에 타고 있는 여자는 몇 명인가요?

식 □ - □ = □　　답 ______

③ 초원에 암사자가 13마리 있고, 수사자는 암사자보다 9마리 더 적습니다.
초원에 있는 수사자는 몇 마리인가요?

식 □ - □ = □　　답 ______

④ 무아는 윗몸 말아 올리기를 16개를 했고, 선아는 무아보다 7개 더 적게 했습니다. 선아는 윗몸 말아 올리기를 몇 개 했나요?

식 □ - □ = □

답 ______

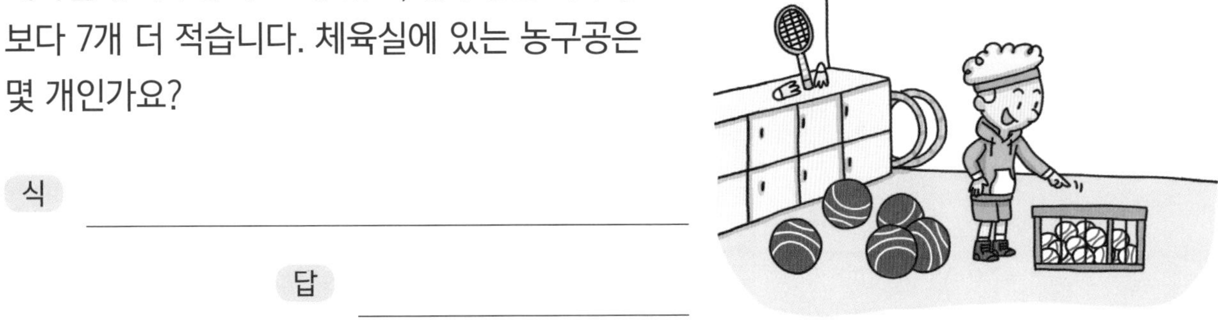

⑤ 체육실에 야구공이 12개 있고, 농구공은 야구공보다 7개 더 적습니다. 체육실에 있는 농구공은 몇 개인가요?

식

답

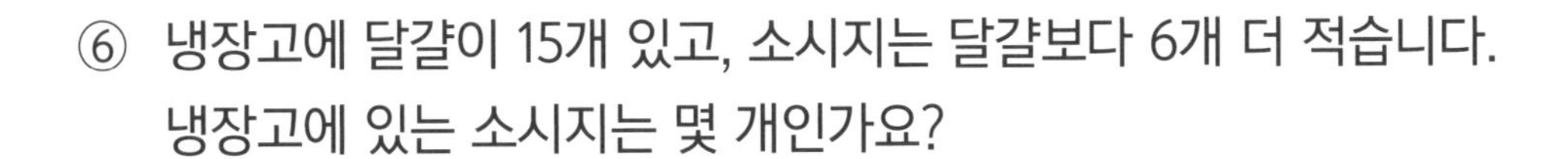

⑥ 냉장고에 달걀이 15개 있고, 소시지는 달걀보다 6개 더 적습니다. 냉장고에 있는 소시지는 몇 개인가요?

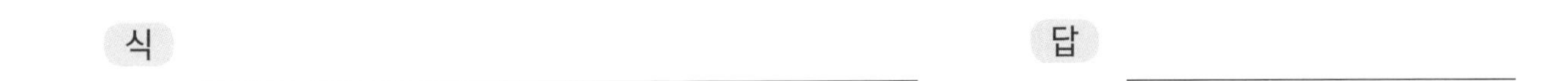

식

답

⑦ 닭장 안에 암탉이 14마리 있고, 수탉은 암탉보다 8마리 더 적습니다. 닭장 안에 있는 수탉은 몇 마리인가요?

식

답

⑧ 민이는 계단을 17칸 올라갔고, 초아는 민이보다 9칸 더 적게 올라갔습니다. 초아가 올라간 계단은 몇 칸인가요?

식

답

1 일차

014 단계 받아올림·받아내림이 있는 덧셈, 뺄셈 종합

★ 늘어난 값 구하기 / 줄어든 값 구하기

① 체험 학습에 8명이 입장하고, 이어서 6명이 더 입장하였습니다.
체험 학습 참가자는 모두 몇 명인가요?

식 ______________________ 답 ____________

② 주차장에 차가 9대 있었는데 8대가 더 들어왔습니다.
주차장에 있는 차는 모두 몇 대인가요?

식 ______________________ 답 ____________

③ 텃밭에 풋고추가 11개 열렸는데 그중 9개를 땄습니다.
남은 풋고추는 몇 개인가요?

식 ______________________

답 ____________

④ 택시 13대가 줄지어 서 있었는데 승객들이 와서 타고 5대가 떠났습니다.
남은 택시는 몇 대인가요?

식 ______________________ 답 ____________

⑤ 붕어빵이 5개가 남아 있었는데 9개를 더 구웠습니다.
붕어빵은 모두 몇 개인가요?

식 ______________________

답 ______________

⑥ 저금통에 오백 원짜리 동전이 6개 들어 있었는데 5개를 더 넣었습니다.
저금통에 들어 있는 오백 원짜리 동전은 모두 몇 개인가요?

식 ______________________ 답 ______________

⑦ 고구마 14개를 쪄서 그중 8개를 먹었습니다.
먹고 남은 고구마는 몇 개인가요?

식 ______________________ 답 ______________

⑧ 목련나무에 핀 목련꽃 17송이 중 밤새 내린 비로 8송이가 떨어졌습니다.
남은 목련꽃은 몇 송이인가요?

식 ______________________ 답 ______________

014 단계 받아올림·받아내림이 있는 덧셈, 뺄셈 종합

두 수의 합 구하기 / 두 수의 차 구하기

① 집에 긴 우산이 7개, 접는 우산이 4개 있습니다.
집에 있는 우산은 모두 몇 개인가요?

식 __________ 답 __________

② 색종이로 종이학 8개와 종이비행기 3개를 접었습니다.
색종이로 접은 종이학과 종이비행기는 모두 몇 개인가요?

식 __________ 답 __________

③ 바구니에 노란 공이 12개, 빨간 공이 8개 들어 있습니다.
노란 공은 빨간 공보다 몇 개 더 많은가요?

식 __________ 답 __________

④ 신발장에 구두가 7켤레, 운동화가 13켤레 있습니다.
구두와 운동화 중 어느 것이 몇 켤레 더 많은가요?

식 __________ 답 __________, __________

⑤ 빵집에서 단팥빵 2개, 소금빵 9개를 샀습니다.
빵집에서 산 단팥빵과 소금빵은 모두 몇 개인가요?

식 ______________________ 답 ____________

⑥ 소미는 체리 9개, 방울토마토 7개를 먹었습니다.
소미가 먹은 체리와 방울토마토는 모두 몇 개인가요?

식 ______________________ 답 ____________

⑦ 집에 감자 11개와 양파 3개가 있습니다.
감자와 양파 중 어느 것이 몇 개 더 많은가요?

식 ______________________ 답 ________, ________

⑧ 캥거루가 15마리, 코알라가 9마리 있습니다.
캥거루와 코알라 중 어느 것이 몇 마리 더 적은가요?

식 ______________________

답 ________, ________

3일차

014단계 받아올림·받아내림이 있는 덧셈, 뺄셈 종합

더 많은 것의 수 구하기 / 더 적은 것의 수 구하기

① 학생들이 교실에 6명 있고, 복도에는 교실보다 7명 더 많이 있습니다.
복도에 있는 학생은 몇 명인가요?

식 ____________________ 답 ____________

② 장난감 가게에 인형이 9개 있고, 로봇은 인형보다 9개 더 많이 있습니다. 장난감 가게에 있는 로봇은 몇 개인가요?

식 ____________________

답 ____________

③ 노마는 책을 12쪽 읽었고, 노준이는 노마보다 6쪽 더 적게 읽었습니다.
노준이가 읽은 책은 몇 쪽인가요?

식 ____________________ 답 ____________

④ 형의 나이는 11살이고, 막내 동생의 나이는 형보다 8살 더 적습니다.
막내 동생의 나이는 몇 살인가요?

식 ____________________ 답 ____________

⑤ 과수원에 배나무가 8그루 있고, 복숭아나무는 배나무보다 4그루 더 많습니다.
과수원에 있는 복숭아나무는 몇 그루인가요?

식 ______________________ 답 ______________

⑥ 바이킹을 좋아하는 친구는 7명이고, 롤러코스터를 좋아하는 친구는 바이킹을 좋아하는 친구보다 9명 더 많습니다. 롤러코스터를 좋아하는 친구는 몇 명인가요?

식 ______________________ 답 ______________

⑦ 농장에 있는 닭은 18마리이고, 오리는 닭보다 9마리 더 적습니다.
농장에 있는 오리는 몇 마리인가요?

식 ______________________ 답 ______________

⑧ 피자를 좋아하는 친구는 16명이고, 치킨을 좋아하는 친구는 피자를 좋아하는 친구보다 7명 더 적습니다.
치킨을 좋아하는 친구는 몇 명인가요?

식 ______________________

답 ______________

015 단계 (두 자리 수)+(한 자리 수)

늘어난 값 구하기

① 쫑아네 학교 1학년 학생은 모두 98명인데 3명이 전학을 왔습니다.
쫑아네 학교 1학년 학생은 모두 몇 명이 되었나요?

식 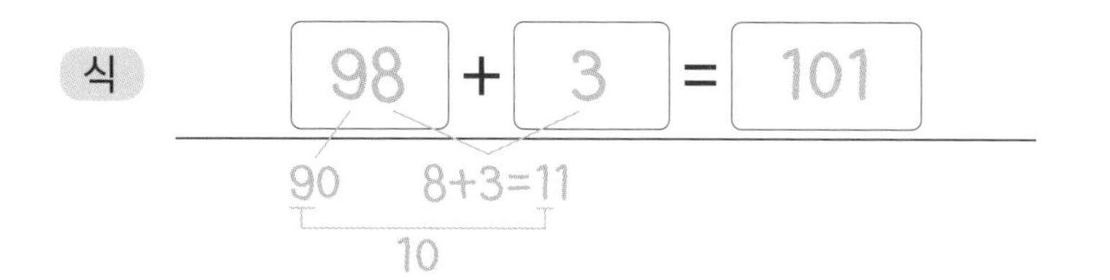

답 

② 양떼목장에 양이 59마리 있었는데 새끼가 4마리 더 태어났습니다. 양떼목장에 양이 모두 몇 마리가 되었나요?

식 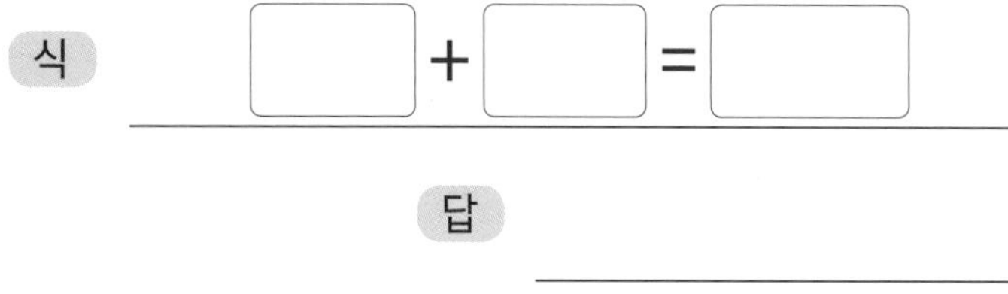

답 ______

③ 식당에 양파가 9개 있었는데 49개를 더 들여왔습니다.
식당에 있는 양파는 모두 몇 개인가요?

식 ☐ + ☐ = ☐

답 ______

④ 화단에 장미가 15송이 피어 있었는데 오늘 7송이가 더 피었습니다.
화단에 핀 장미는 모두 몇 송이인가요?

식 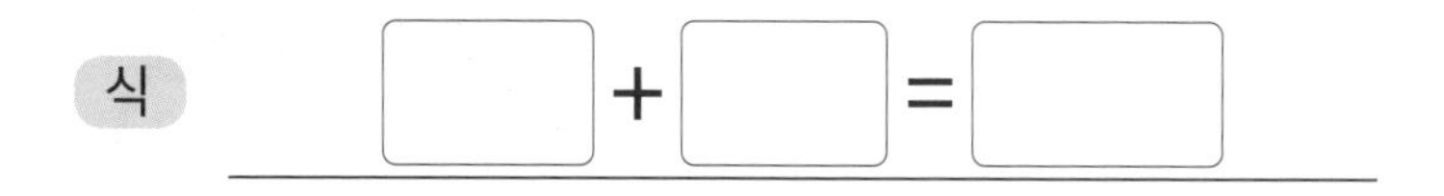

답 ______

⑤ 산에 소나무 68그루가 있었는데 소나무 5그루를 더 심었습니다.
산에 있는 소나무는 모두 몇 그루인가요?

식 ____________________ 답 ____________

⑥ 전교생 99명에게 줄 기념품을 주문하면서 여유분으로 2개를 더 주문했습니다.
기념품은 모두 몇 개를 주문했나요?

식 ____________________ 답 ____________

⑦ 달걀이 94개 있었는데 오늘 닭장의 암탉들이 8개를 더 낳았습니다. 달걀은 모두 몇 개가 되었나요?

식 ____________________

답 ____________

⑧ 어느 빵 가게에서 단팥빵을 팔다가 7개가 남아서 다시 36개를 더 구웠습니다.
이 빵 가게에 있는 단팥빵은 몇 개인가요?

식 ____________________ 답 ____________

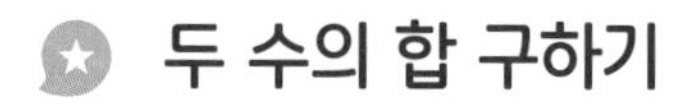

2 일차 015 단계 (두 자리 수)+(한 자리 수)

두 수의 합 구하기

① 상자에 들어 있는 감자는 57개이고, 상자 밖에 있는 감자는 8개입니다.
감자는 모두 몇 개인가요?

식 57 + 8 = 65　　답 65개

② 무아는 훌라후프를 7번 돌렸고, 오빠는 77번 돌렸습니다. 무아와 오빠는 훌라후프를 모두 몇 번 돌렸나요?

식 ☐ + ☐ = ☐

답 ________

③ 체육관에 농구공이 9개, 탁구공이 99개 있습니다.
체육관에 있는 농구공과 탁구공은 모두 몇 개인가요?

식 ☐ + ☐ = ☐　　답 ________

④ 어느 과일 가게에 사과는 64개 있고, 멜론은 9개 있습니다.
이 과일 가게에 있는 사과와 멜론은 모두 몇 개인가요?

식 ☐ + ☐ = ☐　　답 ________

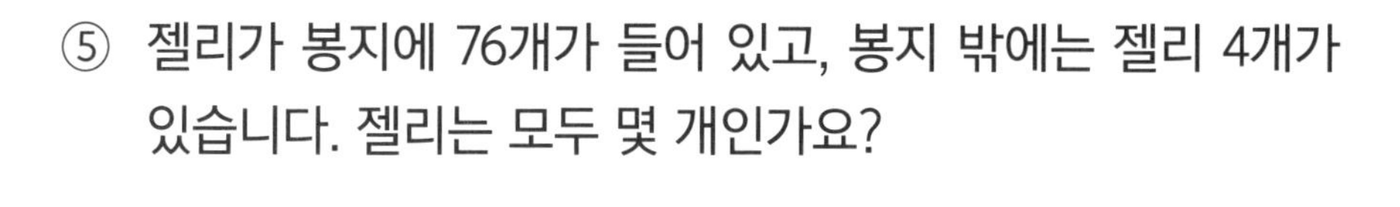

⑤ 젤리가 봉지에 76개가 들어 있고, 봉지 밖에는 젤리 4개가 있습니다. 젤리는 모두 몇 개인가요?

식 ______________________

답 ______________

⑥ 목장에 염소 83마리와 젖소 9마리가 있습니다. 목장에 있는 염소와 젖소는 모두 몇 마리인가요?

식 ______________________

답 

⑦ 학급 문고 책이 48권은 책장에 꽂혀 있고, 7권은 그냥 책장 위에 놓여 있습니다. 학급 문고의 책은 모두 몇 권인가요?

식 ______________________

답 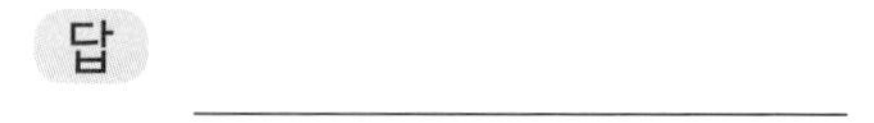

⑧ 바구니에 양파가 26개 들어 있고, 오이는 8개 들어 있습니다. 바구니에 들어 있는 양파와 오이는 모두 몇 개인가요?

식 ______________________

답 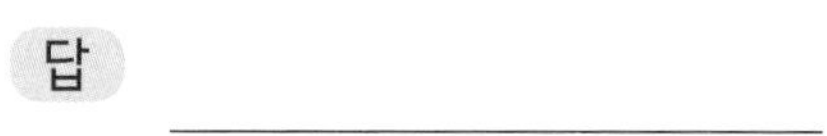

015 단계 (두 자리 수)+(한 자리 수)

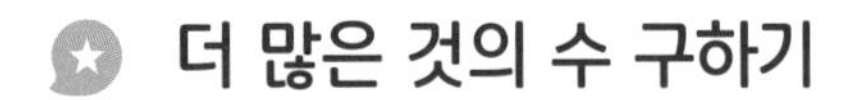

더 많은 것의 수 구하기

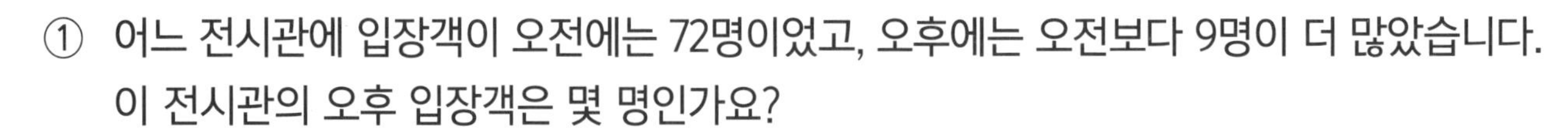

① 어느 전시관에 입장객이 오전에는 72명이었고, 오후에는 오전보다 9명이 더 많았습니다. 이 전시관의 오후 입장객은 몇 명인가요?

식 72 + 9 = 81 답 81명

② 주차장에 트럭이 8대 있고, 승용차는 트럭보다 28대가 더 많습니다. 주차장에 있는 승용차는 몇 대인가요?

식 □ + □ = □ 답

③ 햄버거 가게 손님 중 어른은 36명이고, 어린이는 어른보다 8명 더 많습니다. 햄버거 가게 손님 중 어린이는 몇 명인가요?

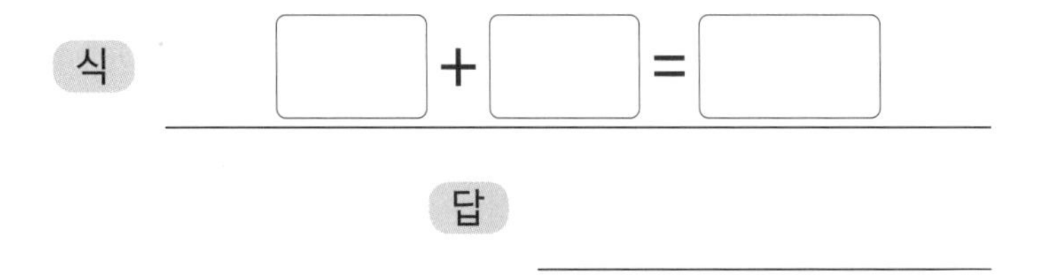

식 □ + □ = □

답

④ 나는 구슬이 96개 있고, 친구는 나보다 6개가 더 많습니다. 친구가 가진 구슬은 몇 개인가요?

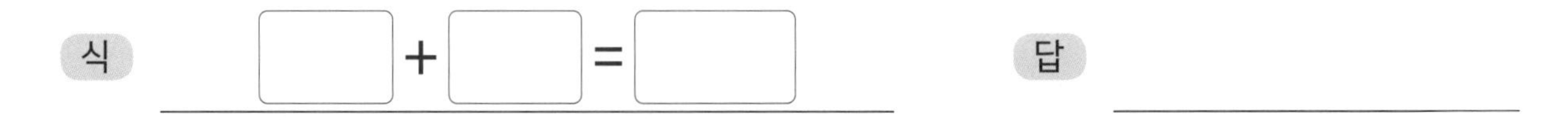

식 □ + □ = □ 답

⑤ 새로 생긴 식당에 어제는 손님이 8명 왔고, 오늘은 어제보다 15명 더 많이 왔습니다. 이 식당에 오늘 온 손님은 몇 명인가요?

식 ____________________ 답 ____________

⑥ 어떤 어부가 어제는 물고기 86마리를 잡았고, 오늘은 어제보다 7마리 더 많이 잡았습니다. 오늘 이 어부가 잡은 물고기는 몇 마리인가요?

식 ____________________

답 ____________

⑦ 어느 빌딩의 68층에 식당이 있고, 전망대는 식당보다 5층 더 올라가면 있습니다. 이 빌딩의 전망대는 몇 층에 있나요?

식 ____________________ 답 ____________

⑧ 어느 꽃집에서 어제는 카네이션을 97송이 팔았고, 오늘은 어제보다 9송이 더 많이 팔았습니다. 이 꽃집에서 오늘 판 카네이션은 몇 송이인가요?

식 ____________________ 답 ____________

1 일차

016 단계 (몇십)-(몇)

줄어든 값 구하기

① 어느 편의점에서 과일주스 20개 중 3개가 팔렸습니다.
이 편의점에 남은 과일주스는 몇 개인가요?

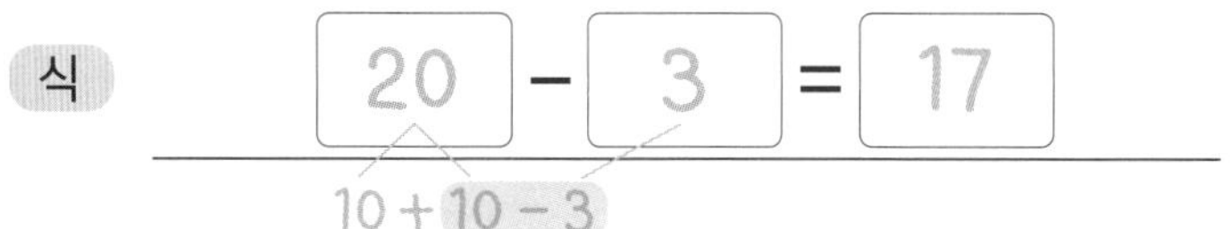

식 20 − 3 = 17 답 17개

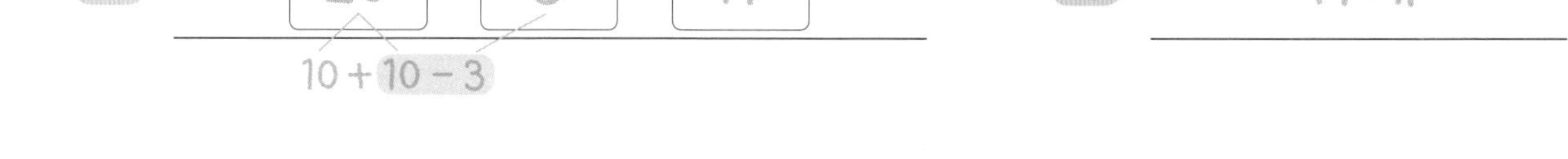

10 + 10 − 3

② 자전거 대여소에 있는 70대의 자전거 중 5대를 빌려주었습니다. 대여소에 남아 있는 자전거는 몇 대인가요?

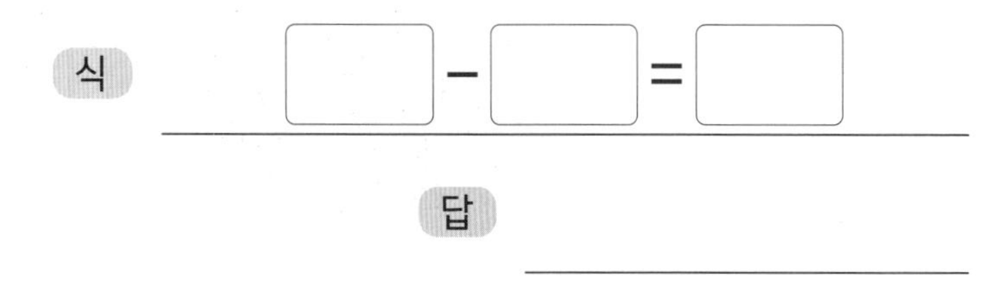

식 □ − □ = □

답

③ 식당 좌석 50석 중 7석이 예약되었습니다.
식당에 남아 있는 좌석은 몇 석인가요?

식 □ − □ = □ 답

④ 장난감 공장에서 이번에 생산된 90개의 로봇 중 2개가 불량품이라서 팔 수 없습니다.
이번에 생산된 로봇 중 팔 수 있는 것은 몇 개인가요?

식 □ − □ = □ 답

⑤ 버스 안에 타고 있던 승객 30명 중 8명이 내렸습니다.
버스 안에 남아 있는 승객은 몇 명인가요?

식 ______________________ 답 ______________

⑥ 인터넷으로 주문하여 택배로 받은 감자 80개 중 썩은 것이 1개 있어서 버렸습니다.
남은 감자는 몇 개인가요?

식 ______________________ 답 ______________

⑦ 냉장고에 있던 달걀 60개 중 4개를 사용하여 달걀찜을 만들었습니다. 남은 달걀은 몇 개인가요?

식 ______________________

답 ______________

⑧ 김밥 집에서 김밥 40줄을 주문 받아서 6줄을 만들었습니다.
더 만들어야 하는 김밥은 몇 줄인가요?

식 ______________________ 답 ______________

016단계 (몇십)-(몇)

두 수의 차 구하기

① 체육실에 야구공이 50개 있고, 야구 방망이는 9개 있습니다.
체육실에 있는 야구공은 야구 방망이보다 몇 개 더 많은가요?

식 50 - 9 = 41 답 41개

② 편지지는 40장 있고, 편지봉투는 2장 있습니다.
편지지는 편지봉투보다 몇 장 더 많은가요?

식 ☐ - ☐ = ☐

답 ______

③ 닭장에 병아리 70마리와 닭 3마리가 있습니다.
병아리와 닭 중 어느 것이 몇 마리 더 많은가요?

식 ☐ - ☐ = ☐ 답 ______, ______

④ 모자 가게에 야구 모자가 60개, 털모자가 8개 있습니다.
야구 모자와 털모자 중 어느 것이 몇 개 더 많은가요?

식 ☐ - ☐ = ☐ 답 ______, ______

⑤ 이모의 나이는 30살이고, 동생의 나이는 4살입니다.
이모와 동생의 나이 차는 몇 살인가요?

식 ______________________ 답 ______________

⑥ 꽃집에 분홍색 카네이션 20송이와 하늘색 카네이션 6송이가 있습니다.
분홍색 카네이션은 하늘색 카네이션보다 몇 송이 더 많은가요?

식 ______________________ 답 ______________

⑦ 농원에 매실나무가 90그루, 밤나무가 7그루 있습니다. 매실나무와 밤나무 중 어느 것이 몇 그루 더 많은가요?

 ______________________

답 __________, __________

⑧ 저금통을 뜯었더니 백 원짜리 동전 80개, 오백 원짜리 동전 5개가 들어 있었습니다.
백 원짜리와 오백 원짜리 중 어느 것이 몇 개 더 많은가요?

식 ______________________  __________, __________

3 일차

● 016 단계 (몇십)-(몇)

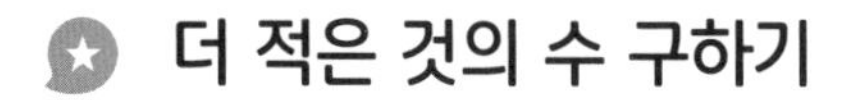

더 적은 것의 수 구하기

① 꿀벌이 30마리가 있고, 나비는 꿀벌보다 6마리 더 적습니다.
나비는 몇 마리인가요?

식 [30] - [6] = [24]   답 24마리

② 도담 마을은 80가구가 살고, 가람 마을은 도담 마을보다 9가구가 더 적습니다. 가람 마을에는 몇 가구가 살고 있나요?

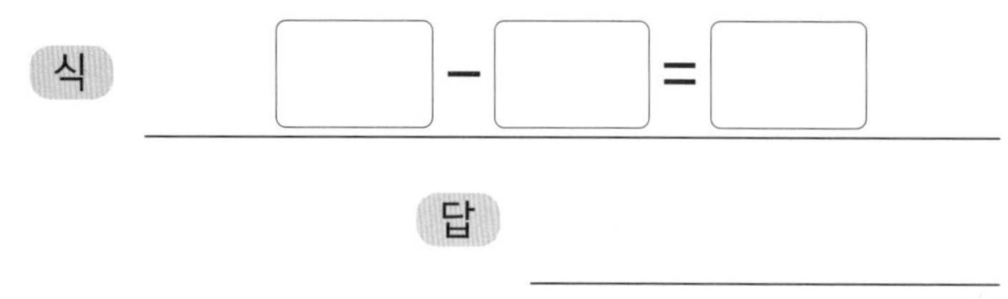

식 [ ] - [ ] = [ ]

답

③ 어느 농장에 오리가 50마리 있고, 염소는 오리보다 4마리 더 적습니다.
이 농장에 있는 염소는 몇 마리인가요?

식 [ ] - [ ] = [ ]   답

④ 학급 문고에 명작 동화가 40권 있고, 위인 동화는 명작 동화보다 8권 더 적습니다.
학급 문고에 있는 위인 동화는 몇 권인가요?

식 [ ] - [ ] = [ ]   답

⑤ 수족관에 구피가 60마리 있고, 체리새우는 구피보다 1마리 더 적습니다. 수족관에 있는 체리새우는 몇 마리인가요?

식 ______________________ 답 ______________

⑥ 바구니에 자두는 70개가 들어 있고, 복숭아는 자두보다 7개 더 적습니다. 바구니에 들어 있는 복숭아는 몇 개인가요?

식 ______________________ 답 ______________

⑦ 아프리카 늪지대에 악어 20마리가 있고, 하마는 악어보다 5마리 더 적습니다. 늪지대에 있는 하마는 몇 마리인가요?

식 ______________________ 답 ______________

⑧ 어떤 전시회에 오전에는 90명이 다녀갔고, 오후에는 오전보다 3명 더 적게 다녀갔습니다. 오후에 다녀간 사람은 몇 명인가요?

식 ______________________

답 ______________

1 일차

017 단계 (두 자리 수)-(한 자리 수)

줄어든 값 구하기

① 주말농장에서 캐 온 감자 42개 중 7개를 쪄서 먹었습니다.
남은 감자는 몇 개인가요?

식
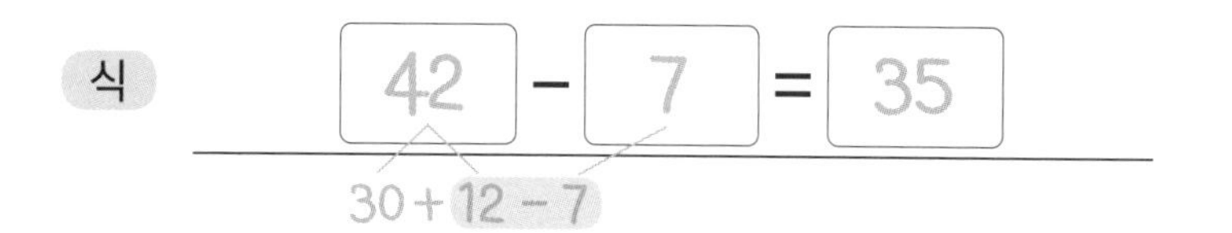

답

② 지하철에 타고 있던 75명의 승객 중 6명이 내렸습니다.
남은 승객은 몇 명인가요?

식 ☐ - ☐ = ☐

답

③ 식당에 예약 손님 31명 중 2명이 오지 않았습니다.
예약 손님 중 몇 명이 방문했나요?

식
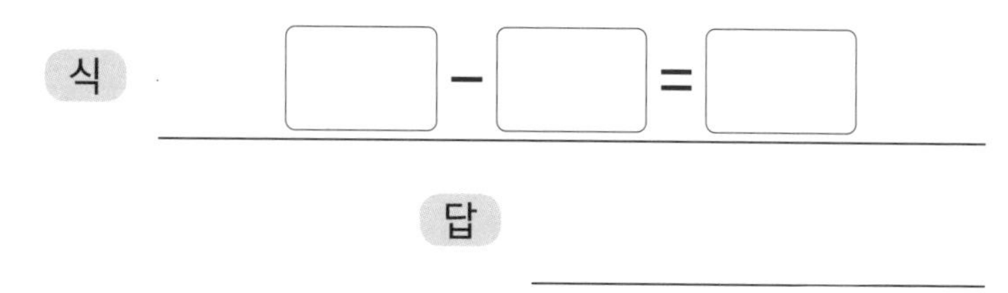

답

④ 뒷동산에 소나무 53그루가 있었는데 병충해로 죽은 8그루를 베었습니다.
남은 소나무는 몇 그루인가요?

식 ☐ - ☐ = ☐

답

⑤ 얼음이 24개 있었는데 5개가 녹아서 없어졌습니다.
남은 얼음은 몇 개인가요?

식 ______________________ 답 ______________

⑥ 주문 받은 케이크 62개 중 4개가 취소되었습니다.
만들어야 하는 케이크는 몇 개인가요?

식 ______________________

답 ______________

⑦ 행사용으로 준비한 풍선 93개 중 9개가 날아갔습니다.
남은 풍선은 몇 개인가요?

식 ______________________ 답 ______________

⑧ 1학년 전체 학생 81명 중 오늘 3명이 결석했습니다.
오늘 출석한 1학년 학생은 몇 명인가요?

식 ______________________ 답 ______________

017 단계 (두 자리 수)-(한 자리 수)

두 수의 차 구하기

① 어느 매장에서 양말을 26켤레, 장갑을 9켤레 팔았습니다.
팔린 양말은 장갑보다 몇 켤레 더 많은가요?

식 26 − 9 = 17

답 17켤레

② 소미는 어제 동화책을 44쪽 읽었고, 오늘은 6쪽 읽었습니다.
어제 읽은 동화책의 쪽수는 오늘 읽은 것보다 몇 쪽 더 많은가요?

식 ☐ − ☐ = ☐　　답 ______

③ 주차장에 들어온 차는 72대이고, 나간 차는 3대입니다.
들어온 차가 나간 차보다 몇 대 더 많은가요?

식 ☐ − ☐ = ☐　　답 ______

④ 내 나이는 7살이고, 엄마의 나이는 33살입니다.
나와 엄마의 나이는 몇 살 차이인가요?

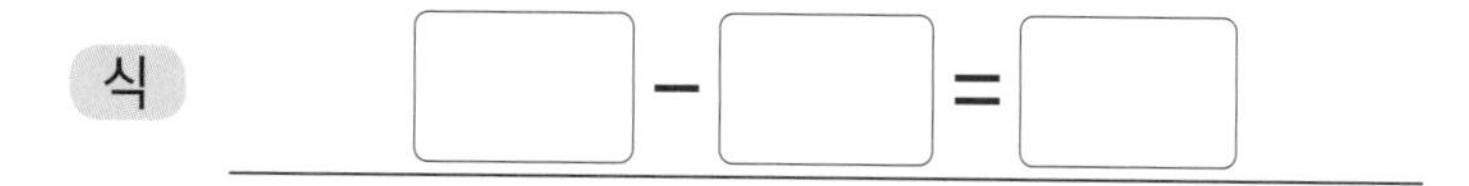

식 ☐ − ☐ = ☐　　답 ______

⑤ 공원에 있는 비둘기는 51마리이고, 길고양이는 4마리입니다.
비둘기가 길고양이보다 몇 마리 더 많은가요?

식 ______________________ 답 ______________

⑥ 비 오는 거리에 우산을 쓴 사람이 66명이고, 우비를 입은 사람이 7명입니다.
우산을 쓴 사람이 우비를 입은 사람보다 몇 명 더 많은가요?

식 ______________________ 답 ______________

⑦ 바둑판 위에 놓인 흰 바둑돌은 85개이고, 검은 바둑돌은 8개입니다.
흰 바둑돌과 검은 바둑돌 중 어느 것이 몇 개 더 많은가요?

식 ______________________ 답 __________, __________

⑧ 화원에 있는 다육식물 화분은 97개이고, 꽃 화분은 9개입니다. 다육식물 화분과 꽃 화분 중 어느 것이 몇 개 더 적은가요?

식 ______________________

답 __________, __________

3일차

017단계 (두 자리 수)-(한 자리 수)

더 적은 것의 수 구하기

① 산에서 도토리를 아빠는 92개 주웠고, 나는 아빠보다 7개 더 적게 주웠습니다. 내가 주운 도토리는 몇 개인가요?

식 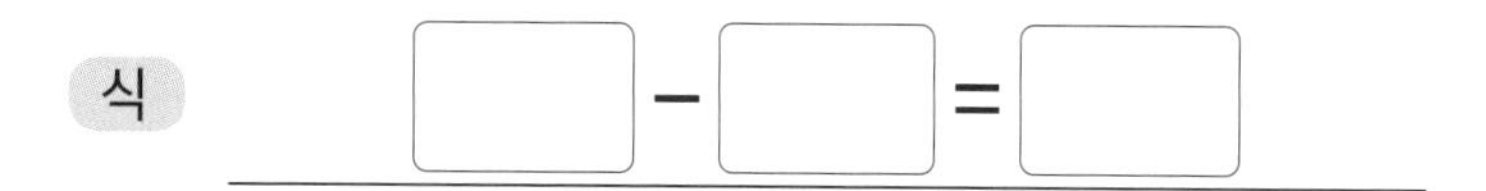

답 ______

② 호수에 청둥오리가 34마리 있고, 백로는 청둥오리보다 6마리 더 적습니다. 호수에 있는 백로는 몇 마리인가요?

식 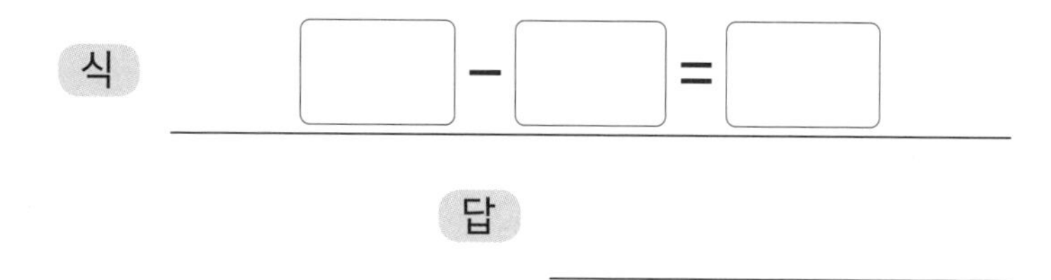

답 ______

③ 쫑아의 아버지의 나이는 41살이고, 어머니의 나이는 아버지보다 4살 더 적습니다. 쫑아의 어머니의 나이는 몇 살인가요?

식 □ − □ = □

답 ______

④ 요리 교실에 등록한 여성이 25명이고, 남성은 여성보다 6명 더 적습니다. 요리 교실에 등록한 남성은 몇 명인가요?

식 □ − □ = □

답 ______

⑤ 학교 도서관에 과학책이 84권이 있고, 논술책은 과학책보다 5권이 더 적습니다. 학교 도서관에 있는 논술책은 몇 권인가요?

식 ______________________ 답 ______________

⑥ 어떤 치킨집에서 주문 받은 간장치킨은 63마리이고, 양념치킨은 간장치킨보다 9마리 더 적습니다. 이 치킨집에서 주문 받은 양념치킨은 몇 마리인가요?

식 ______________________ 답 ______________

⑦ 어떤 역에서 기차에 탄 사람은 52명이고, 내린 사람은 탄 사람보다 8명 더 적습니다. 이 역에서 내린 사람은 몇 명인가요?

식 ______________________

답 ______________

⑧ 칠월 칠석에 모인 까마귀가 77마리이고, 까치는 까마귀보다 9마리 더 적습니다. 까치는 몇 마리인가요?

식 ______________________ 답 ______________

1 일차

018 단계 (두 자리 수)±(한 자리 수) ①

늘어난 값 구하기 / 줄어든 값 구하기

① 오백 원짜리 동전 29개가 들어 있는 저금통에 5개를 더 넣었습니다.
저금통 안에 있는 오백 원짜리 동전은 모두 몇 개인가요?

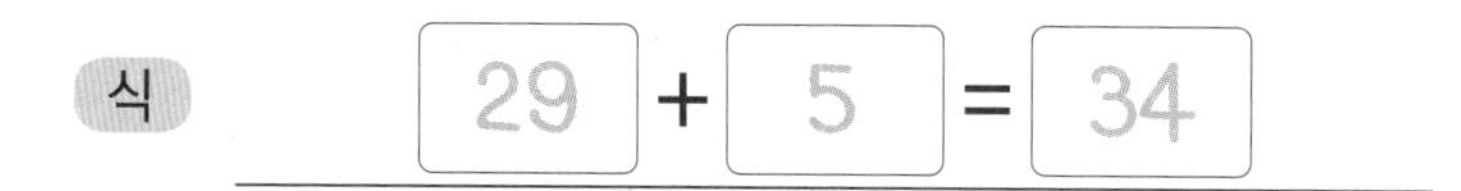

식 29 + 5 = 34 답 34개

② 체육실에 야구공이 9개밖에 없어서 58개를 더 사 왔습니다.
체육실에 있는 야구공은 모두 몇 개인가요?

식 □ + □ = □ 답

③ 현우가 우표를 모으는데 어제까지 모은 우표가 64장이고,
오늘 또 8장을 모았습니다. 지금까지 모은 우표는 모두
몇 장인가요?

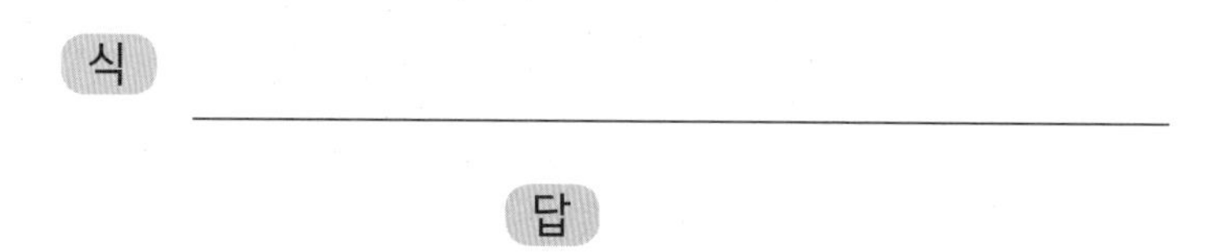

식

답

④ 어떤 꽃집에서 어제까지 장미를 47송이 팔았고, 오늘 4송이 더 팔았습니다.
이 꽃집에서 오늘까지 판 장미는 모두 몇 송이인가요?

식

답

⑤ 소미가 33쪽짜리 책을 읽고 있는데 지금까지 6쪽 읽었습니다.
남은 것은 몇 쪽인가요?

식 ☐ − ☐ = ☐ 답

⑥ 망에 들어 있는 양파 91개 중 2개가 썩어서 버렸습니다.
남은 양파는 몇 개인가요?

식 ☐ − ☐ = ☐ 답

⑦ 귤 상자에 귤이 72개 있었는데 오늘 7개를 먹었습니다.
귤 상자에 남은 귤은 몇 개인가요?

식

답

⑧ 기차에 타고 있던 85명의 승객 중 이번 역에서 9명이 내렸습니다.
기차에 남은 승객은 몇 명인가요?

식

답

018 단계 (두 자리 수)±(한 자리 수) ①

두 수의 합 구하기 / 두 수의 차 구하기

① 나무에 앉아 있는 참새가 78마리, 전깃줄에 앉아 있는 참새가 3마리입니다. 나무와 전깃줄에 앉아 있는 참새는 모두 몇 마리인가요?

식 □ + □ = □ 답

② 갯벌에서 아빠가 캔 조개는 57개, 내가 캔 조개는 6개입니다. 아빠와 내가 캔 조개는 모두 몇 개인가요?

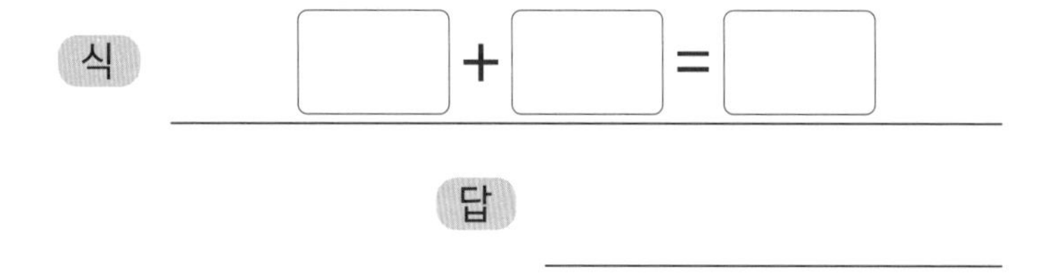

식 □ + □ = □

답

③ 아이스크림 가게에 오전에 5명이 다녀갔고, 오후에 19명이 다녀갔습니다. 이 가게에 오전과 오후에 다녀간 사람은 모두 몇 명인가요?

식 답

④ 장난감 가게에 요요가 89개, 팽이가 8개 있습니다. 이 가게에 있는 요요와 팽이는 모두 몇 개인가요?

식 답

⑤ 놀이공원에 오전에 입장한 사람은 62명이고, 퇴장한 사람은 5명입니다.
오전에 입장한 사람은 퇴장한 사람보다 몇 명이 더 많은가요?

식 ☐ − ☐ = ☐ 답 ________

⑥ 어느 농장에 오리가 73마리, 양이 9마리 있습니다.
이 농장의 오리와 양 중 어느 것이 몇 마리 더 많은가요?

식 ☐ − ☐ = ☐ 답 ________, ________

⑦ 산에서 도토리 51개와 밤 7개를 주웠습니다.
산에서 주운 도토리와 밤 중 어느 것이 몇 개 더 많은가요?

식 ________ 답 ________, ________

⑧ 우리 가족이 바다낚시를 가서 우럭 26마리, 광어 8마리를 잡았습니다. 잡은 우럭과 광어 중 어느 것이 몇 마리 더 적은가요?

식 ________

답 ________, ________

018 단계 (두 자리 수)±(한 자리 수) ①

★ 더 많은 것의 수 구하기 / 더 적은 것의 수 구하기

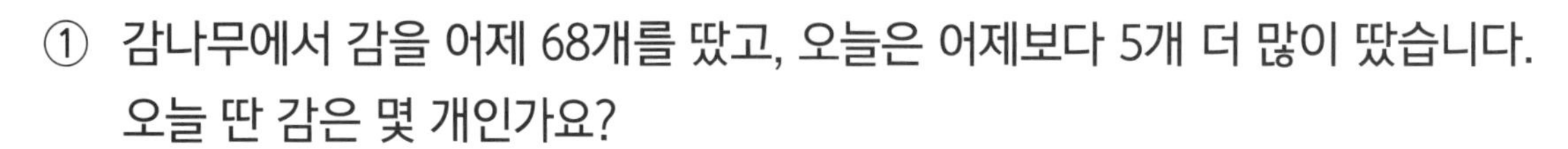

① 감나무에서 감을 어제 68개를 땄고, 오늘은 어제보다 5개 더 많이 땄습니다.
오늘 딴 감은 몇 개인가요?

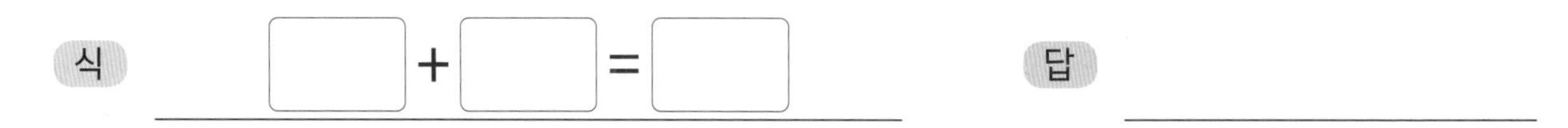

식 ☐ + ☐ = ☐ 답 ____________

② 색종이로 종이학 34개를 접고, 종이비행기는 종이학보다 6개 더 많이 접었습니다.
색종이로 접은 종이비행기는 몇 개인가요?

식 ☐ + ☐ = ☐ 답 ____________

③ 마을 축제 때 풍선을 흰색은 96개 날렸고, 노란색은 흰색보다 8개 더 많이 날렸습니다. 날린 노란색 풍선은 몇 개인가요?

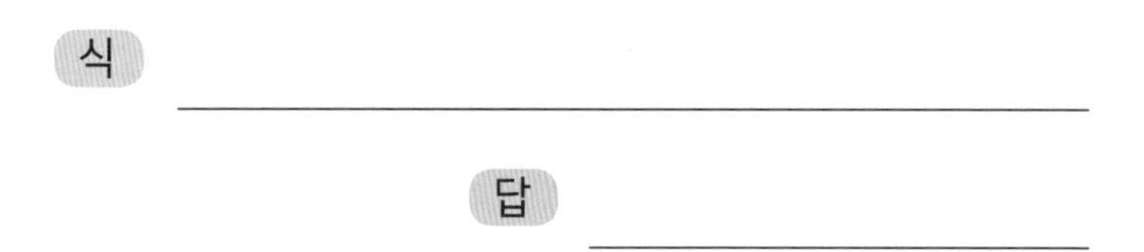

식 ____________

답 ____________

④ 어느 빵집에서 식빵은 6개 구웠고, 크림빵은 식빵보다 17개 더 많이 구웠습니다.
이 빵집에서 구운 크림빵은 몇 개인가요?

식 ____________ 답 ____________

⑤ 학급 문고에 동화책이 32권 있고, 만화책은 동화책보다 4권 더 적게 있습니다. 학급 문고에 있는 만화책은 몇 권인가요?

식 

답

⑥ 화원에서 팔린 빨간색 카네이션은 85송이이고, 분홍색 카네이션은 빨간색 카네이션보다 9송이 더 적습니다. 이 화원에서 팔린 분홍색 카네이션은 몇 송이인가요?

식 □ − □ = □

⑦ 운동장에 있는 남학생은 41명이고, 여학생은 남학생보다 2명 더 적습니다. 운동장에 있는 여학생은 몇 명인가요?

식

⑧ 사파리에서 본 사자는 12마리이고, 곰은 사자보다 6마리 더 적습니다. 사파리에서 본 곰은 몇 마리인가요?

식

답

019단계 (두 자리 수)±(한 자리 수) ②

늘어난 값 구하기 / 줄어든 값 구하기

① 연못가에 개구리 45마리가 놀고 있었는데 7마리가 더 왔습니다.
연못가에 있는 개구리는 모두 몇 마리인가요?

식 ______________________ 답 ______________

② 고속도로 휴게소에 27대의 차가 있었는데 6대가 더 들어왔습니다.
이 휴게소에 있는 차는 모두 몇 대인가요?

식 ______________________ 답 ______________

③ 케이크집에서 내일 사용할 달걀이 9개밖에 없어서 75개를 더 사 왔습니다.
달걀은 모두 몇 개인가요?

식 ______________________ 답 ______________

④ 숲에 자작나무가 82그루 있었는데 9그루를 더 심었습니다. 숲에 있는 자작나무는 모두 몇 그루인가요?

식 ______________________

답 ______________

⑤ 수족관에 있던 52마리의 금붕어 중 7마리를 누군가 사 갔습니다.
수족관에 남은 금붕어는 몇 마리인가요?

식 ____________________ 답 ____________

⑥ 가지고 있던 스티커 34장 중 5장을 일기장을 꾸미는 데 사용하였습니다. 남은 스티커는 몇 장인가요?

식 ____________________

답 ____________

⑦ 학급 문고에 책이 91권 있었는데 반 아이들이 4권을 빌려갔습니다.
학급 문고에 남은 책은 몇 권인가요?

식 ____________________ 답 ____________

⑧ 체험장에서 68개의 감자를 캐 와서 옆집에 9개를 나누어 주었습니다.
남은 감자는 몇 개인가요?

식 ____________________ 답 ____________

019 단계 (두 자리 수)±(한 자리 수) ②

두 수의 합 구하기 / 두 수의 차 구하기

① 닭장에 암탉이 19마리, 수탉이 5마리 있습니다.
닭장에 있는 닭은 모두 몇 마리인가요?

식 ______________________

답 ______________

② 오늘 가게에서 팔린 아이스크림은 딸기 맛 3개, 바닐라 맛 78개였습니다.
오늘 팔린 딸기 맛과 바닐라 맛 아이스크림은 모두 몇 개인가요?

식 ______________________ 답 ______________

③ 저금통에 오백 원짜리 동전을 누나는 57개 넣었고, 나는 8개 넣었습니다.
누나와 내가 저금통에 넣은 오백 원짜리 동전은 모두 몇 개인가요?

식 ______________________ 답 ______________

④ 종이접기 수업을 듣는 남학생은 36명이고, 여학생은 7명입니다.
종이접기 수업을 듣는 학생은 모두 몇 명인가요?

식 ______________________ 답 ______________

⑤ 역사 탐방에 참석한 아이들은 41명이고, 선생님은 6명입니다. 아이들은 선생님보다 몇 명 더 많은가요?

식 ____________________

답 ____________

⑥ 넓은 초원 위에 양이 95마리, 말이 9마리 있습니다.
양은 말보다 몇 마리 더 많은가요?

식 ____________________ 답 ____________

⑦ 옷 정리를 하는데 티셔츠가 22벌, 바지가 8벌 있습니다.
티셔츠와 바지 중 어느 것이 몇 벌 더 많은가요?

식 ____________________ 답 ________, ________

⑧ 과일 가게에서 오늘 참외가 73개, 수박이 8개 팔렸습니다.
오늘 팔린 참외와 수박 중 어느 것이 몇 개 더 많은가요?

식 ____________________ 답 ________, ________

3 일차

019 단계

(두 자리 수)±(한 자리 수) ②

더 많은 것의 수 구하기 / 더 적은 것의 수 구하기

① 물가에 버팔로 96마리가 있고, 하마는 버팔로보다 7마리 더 많습니다. 물가에 있는 하마는 몇 마리인가요?

식 ____________________

답 ____________

② 흰 바둑돌은 87개가 있고, 검은 바둑돌은 흰 바둑돌보다 6개가 더 많습니다. 검은 바둑돌은 몇 개인가요?

식 ____________________ 답 ____________

③ 조개를 캐러 가서 바지락은 68개를 캤고, 맛조개는 바지락보다 4개 더 많이 캤습니다. 캔 맛조개는 몇 개인가요?

식 ____________________ 답 ____________

④ 박스에 담긴 초록 사과는 48개이고, 빨간 사과는 초록 사과보다 3개 더 많습니다. 박스에 담긴 빨간 사과는 몇 개인가요?

식 ____________________ 답 ____________

⑤ 텃밭에서 캔 감자는 33개이고, 양파는 감자보다 7개 더 적습니다.
텃밭에서 캔 양파는 몇 개인가요?

식 ______________________ 답 ______________

⑥ 분식집에서 오늘 팔린 떡볶이는 52인분이고, 만두는 떡볶이보다 9인분 더 적습니다. 분식집에서 오늘 팔린 만두는 몇 인분인가요?

식 ______________________

답 ______________

⑦ 오늘 주차장에 들어온 차는 83대이고, 나간 차는 들어온 차보다 5대 더 적습니다.
오늘 주차장에서 나간 차는 몇 대인가요?

식 ______________________ 답 ______________

⑧ 화단에 피어 있는 튤립은 21송이이고, 수선화는 튤립보다 3송이 더 적습니다.
화단에 피어 있는 수선화는 몇 송이인가요?

식 ______________________ 답 ______________

020 단계 세 수의 덧셈과 뺄셈 ②

세 수의 덧셈

① 아버지는 턱걸이를 24번, 나는 3번, 형은 5번을 했습니다.
세 사람은 턱걸이를 모두 몇 번 했나요?

식 [24] + [3] + [5] = [32]

답

② 목장에 양이 36마리, 소가 5마리, 말이 3마리 있습니다.
목장에 있는 동물은 모두 몇 마리인가요?

식 [ ] + [ ] + [ ] = [ ]

답 ______

③ 할머니 연세는 58세, 동생은 6세, 나는 7세입니다.
우리 세 사람의 나이를 모두 더하면 몇 세인가요?

식
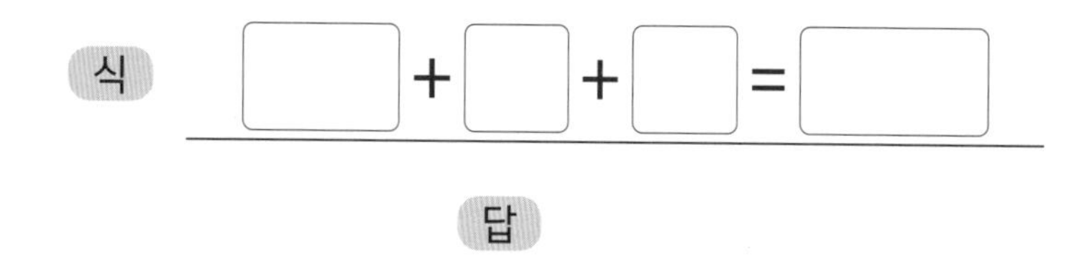

답 ______

④ 운동장에 85명의 아이들이 있었는데 9명이 더 오고, 잠시 후에 8명이 더 왔습니다.
지금 운동장에 있는 아이들은 모두 몇 명인가요?

식 [ ] + [ ] + [ ] = [ ]

답 ______

⑤ 저금통에 동전이 44개 들어 있었는데 어제 2개를 넣고, 오늘 6개를 더 넣었습니다. 저금통에 들어 있는 동전은 모두 몇 개인가요?

식

답

⑥ 등산로의 계단을 아버지는 66개, 나는 8개, 동생은 2개를 올라갔습니다. 세 명이 올라간 계단은 모두 몇 개인가요?

식

답

⑦ 주차장에 75대의 차가 있었는데 7대가 더 들어오고, 9대가 또 들어왔습니다. 주차장에 있는 차는 모두 몇 대인가요?

식

답

⑧ 빵집에 새로 만든 도넛이 92개, 식빵이 7개, 케이크가 5개 있습니다. 새로 만든 도넛과 식빵과 케이크는 모두 몇 개인가요?

식

답

2일차 020단계 세 수의 덧셈과 뺄셈 ②

세 수의 뺄셈

① 호숫가에 있던 74마리의 철새 중 3마리가 날아가고, 4마리가 더 날아갔습니다. 호숫가에 남은 철새는 몇 마리인가요?

식 [74] - [3] - [4] = [67]　　답 67마리

② 화원에 장미꽃이 42송이 있었는데 오전에 8송이, 오후에 7송이가 팔렸습니다. 화원에 남은 장미꽃은 몇 송이인가요?

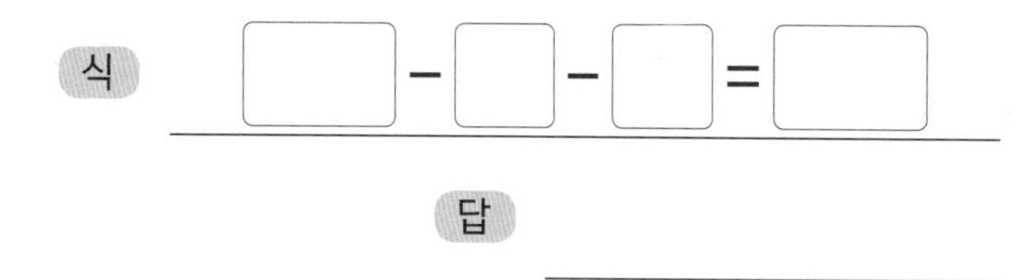

식 [ ] - [ ] - [ ] = [ ]

답 ______

③ 냉장고에 있던 달걀 81개 중 4개는 달걀프라이를 하고, 8개는 삶았습니다. 냉장고에 남은 달걀은 몇 개인가요?

식 [ ] - [ ] - [ ] = [ ]　　답 ______

④ 편의점에 있는 53개의 우유 중 9개는 초코 맛, 6개는 딸기 맛, 나머지는 흰 우유입니다. 편의점에 있는 흰 우유는 몇 개인가요?

식 [ ] - [ ] - [ ] = [ ]　　답 ______

⑤ 길고양이 29마리 중 7마리는 흰색, 3마리는 검은색이고, 나머지는 얼룩고양이입니다. 길고양이 중 얼룩고양이는 몇 마리인가요?

식

답

⑥ 행사장에서 64개의 풍선을 준비했는데 6개가 바람에 날아가고, 9개가 또 날아갔습니다. 행사장에서 준비한 풍선 중 남은 것은 몇 개인가요?

식

답

⑦ 냉면집에서 팔린 냉면 33그릇 중 비빔냉면이 9그릇, 회냉면이 5그릇이고, 나머지는 물냉면입니다. 냉면집에서 팔린 물냉면은 몇 그릇인가요?

식

답

⑧ 체험 학습에서 캐온 당근 92개 중 7개는 옆집, 7개는 뒷집에 나누어 주었습니다. 남은 당근은 몇 개인가요?

식

답

020 단계 세 수의 덧셈과 뺄셈 ②

세 수의 덧셈과 뺄셈

① 지하철에 41명의 승객이 타고 있었는데 이번 역에서 6명이 타고, 8명이 내렸습니다.
지금 지하철에 타고 있는 승객은 몇 명인가요?

식 [41] + [6] − [8] = [39]

② 줄넘기를 첫날 67번 했고, 둘째 날은 첫날보다 8번 더 했고, 셋째 날은 둘째 날보다 6번 더 적게 했습니다. 셋째 날은 줄넘기를 몇 번 했나요?

식 [ ] + [ ] − [ ] = [ ]

③ 주차장에 차 71대가 있었는데 7대가 나가고, 9대가 들어왔습니다.
주차장에 있는 차는 몇 대인가요?

식 [ ] − [ ] + [ ] = [ ]

④ 1학년 학생 92명 중 8명이 전학을 가고, 5명이 전학을 왔습니다.
1학년 학생은 몇 명인가요?

식 [ ] − [ ] + [ ] = [ ]　　답 ________

⑤ 연못에 오리 16마리가 헤엄치고 있었는데 9마리가 더 오고, 7마리가 갔습니다.
연못에 있는 오리는 몇 마리인가요?

식 ______________________ 답 ______________

⑥ 산에서 도토리 83개를 주웠는데 6개는 썩어서 버리고, 4개를 더 주웠습니다. 산에서 주운 도토리는 몇 개인가요?

식 ______________________

답 ______________

⑦ 체육관에 38명의 아이들이 있었는데 5명이 더 오고, 6명이 갔습니다.
체육관에 있는 아이들은 몇 명인가요?

식 ______________________ 답 ______________

⑧ 바구니 안에 있던 삶은 달걀 54개 중 7개를 가져가고, 9개를 더 채웠습니다.
바구니 안에 있는 삶은 달걀은 몇 개인가요?

식 ______________________ 답 ______________

종료테스트

15문항 | 표준완성시간 6~8분

① 쿠키 3개와 6개를 모으기 하면 몇 개인가요?

답 ______

② 연못가에서 오리 8마리가 함께 놀고 있었는데 3마리가 갔습니다.
남은 오리는 몇 마리인가요?

식 ______ 답 ______

③ 마을버스에 9명의 승객이 타고 있었는데 몇 명이 내려서 5명이 남았습니다.
내린 승객은 몇 명인가요?

식 ______ 답 ______

④ 놀이터에서 5명의 아이가 놀고 있었는데 3명이 가고, 4명이 왔습니다.
놀이터에서 놀고 있는 아이는 몇 명인가요?

식 ______ 답 ______

⑤ 닭이 40마리가 있고, 오리는 닭보다 7마리 더 많습니다.
오리는 몇 마리인가요?

식 ______ 답 ______

⑥ 감 58개를 따서 옆집에 25개를 나누어 주었습니다.
남은 감은 몇 개인가요?

식 ______________________ 답 ______________

⑦ 백 원짜리 동전 몇 개와 오백 원짜리 동전 6개를 더하여 10개의 동전이 있습니다.
백 원짜리 동전은 몇 개인가요?

식 ______________________ 답 ______________

⑧ 색종이 14장이 있었는데 3장은 종이꽃을 만들고, 4장은 개구리를 만들었습니다.
남은 색종이는 몇 장인가요?

식 ______________________ 답 ______________

⑨ 주차장에 승용차가 7대, 트럭이 8대 있습니다.
주차장에 있는 승용차와 트럭은 모두 몇 대인가요?

식 ______________________ 답 ______________

⑩ 수아의 나이는 12살이고, 동생의 나이는 수아보다 4살 더 적습니다.
동생의 나이는 몇 살인가요?

식 ______________________ 답 ______________

⑪ 냉장고에 달걀이 6개밖에 없어서 45개를 더 사서 넣었습니다.
냉장고에 있는 달걀은 몇 개인가요?

식 ______________________ 답 ______________

⑫ 꽃집에 빨간 장미 40송이가 있고, 노란 장미는 빨간 장미보다 9송이 더 적습니다.
꽃집에 있는 노란 장미는 몇 송이인가요?

식 ______________________ 답 ______________

⑬ 반 아이들 중 우산을 가져온 친구가 14명, 비옷을 가져온 친구가 7명입니다.
우산과 비옷 중 어느 것을 가져온 친구가 몇 명 더 많은가요?

식 ______________________ 답 ________, ________

⑭ 학급 문고에 그림책이 28권 있고, 동화책은 그림책보다 6권 더 많습니다.
학급 문고에 동화책은 몇 권 있나요?

식 ______________________ 답 ______________

⑮ 아침에 소금빵 30개를 구웠는데 오전에 9개를 팔고, 오후에 8개를 팔았습니다.
오전과 오후에 팔고 남은 소금빵은 몇 개인가요?

식 ______________________ 답 ______________

평가 기준

평가	매우 잘함	잘함	좀 더 노력
오답 수	0~2	3~5	6 이상

오답 수가 6 이상일 때는
이 교재를 한번 더 공부하세요.

001 단계 9까지의 수 모으기와 가르기

10~11쪽 1일차

① 5	답 5
② 2, 2, 4	답 4
③ 5, 3, 8	답 8
④ 8, 0, 8	답 8
⑤ 1	답 1
⑥ 3, 1, 2	답 2
⑦ 9, 4, 5	답 5
⑧ 7, 2, 5	답 5

12~13쪽 2일차

① 7	답 7개
② 2, 2, 4	답 4개
③ 4, 1, 5	답 5장
④ 5, 3, 8	답 8개
⑤ 2, 7, 9	답 9장
⑥ 3, 4, 7	답 7개
⑦ 1, 5, 6	답 6장
⑧ 6, 2, 8	답 8개

14~15쪽 3일차

① 2	답 2개
② 4, 1, 3	답 3자루
③ 7, 5, 2	답 2개
④ 3, 2, 1	답 1권
⑤ 6, 4, 2	답 2개
⑥ 8, 3, 5	답 5개
⑦ 2, 1, 1	답 1마리
⑧ 9, 6, 3	답 3개

지도 포인트

001단계에서는 덧셈과 뺄셈의 기초가 되는 '9까지의 수 모으기와 가르기'의 문장제 문제를 학습합니다.
모으기는 덧셈, 가르기는 뺄셈의 활동으로 이해하면 문제 해결이 쉽습니다.

002단계 합이 9까지인 덧셈

16~17쪽 1일차

① 식 8+1=9 답 9개
② 식 2+4=6 답 6마리
③ 식 5+2=7 답 7송이
④ 식 4+3=7 답 7칸
⑤ 식 4+4=8 답 8개
⑥ 식 6+2=8 답 8마리
⑦ 식 2+3=5 답 5명
⑧ 식 7+2=9 답 9개

18~19쪽 2일차

① 식 2+1=3 답 3명
② 식 1+5=6 답 6개
③ 식 4+2=6 답 6개
④ 식 3+4=7 답 7송이
⑤ 식 2+4=6 답 6장
⑥ 식 4+1=5 답 5마리
⑦ 식 3+3=6 답 6개
⑧ 식 6+2=8 답 8개

20~21쪽 3일차

① 식 4+2=6 답 6개
② 식 2+5=7 답 7개
③ 식 3+3=6 답 6마리
④ 식 6+1=7 답 7살
⑤ 식 5+4=9 답 9개
⑥ 식 4+2=6 답 6개
⑦ 식 6+3=9 답 9개
⑧ 식 8+1=9 답 9자루

지도 포인트

002단계에서는 '합이 9까지인 덧셈'의 문장제 문제를 학습합니다.
문장 중에 '모두 몇 개?', '~보다 ~개 더 많은 것의 수?'를 구할 때는 주어진 수들을 더하는 덧셈 문제임을 기억합니다.

003단계 차가 9까지인 뺄셈

22~23쪽 1일차

① 식 5−3=2 답 2개
② 식 4−2=2 답 2마리
③ 식 3−1=2 답 2개
④ 식 6−2=4 답 4개
⑤ 식 9−5=4 답 4개
⑥ 식 7−6=1 답 1대
⑦ 식 5−2=3 답 3마리
⑧ 식 8−3=5 답 5개

24~25쪽 2일차

① 식 5−1=4 답 4개
② 식 4−3=1 답 1마리
③ 식 9−6=3 답 장미, 3송이
④ 식 8−7=1 답 동화책, 1권
⑤ 식 9−4=5 답 5살
⑥ 식 6−3=3 답 3마리
⑦ 식 5−3=2 답 초코우유, 2개
⑧ 식 7−2=5 답 당근, 5개

26~27쪽 3일차

① 식 7−5=2 답 2개
② 식 3−2=1 답 1개
③ 식 5−3=2 답 2마리
④ 식 4−1=3 답 3개
⑤ 식 8−2=6 답 6살
⑥ 식 5−3=2 답 2개
⑦ 식 6−1=5 답 5장
⑧ 식 9−4=5 답 5장

지도 포인트

003단계에서는 '두 수의 차가 9까지인 한 자리 수의 뺄셈'을 다룬 문장제 문제를 학습합니다.
'남은 것은 몇 개?', '~보다 몇 개 더 많은가?', '~보다 ~개 더 적은 것의 수?'를 구할 때는 큰 수에서 작은 수를 빼는 뺄셈 문제임을 기억합니다.

004단계 덧셈과 뺄셈의 관계 ①

28~29쪽 1일차

① 식1 5+□=8 식2 □=8-5=3 답 3
② 식1 1+□=5 식2 □=5-1=4 답 4
③ 식1 □+2=4 식2 □=4-2=2 답 2
④ 식1 □+4=7 식2 □=7-4=3 답 3
⑤ 식 2+□=6 답 4개
⑥ 식 3+□=7 답 4마리
⑦ 식 □+3=9 답 6개
⑧ 식 □+2=8 답 6살

30~31쪽 2일차

① 식1 □-3=4 식2 □=4+3=7 답 7
② 식1 □-6=1 식2 □=1+6=7 답 7
③ 식1 □-1=8 식2 □=8+1=9 답 9
④ 식1 □-2=6 식2 □=6+2=8 답 8
⑤ 식 □-4=2 답 6개
⑥ 식 □-5=4 답 9명
⑦ 식 □-4=1 답 5장
⑧ 식 □-3=5 답 8개

32~33쪽 3일차

① 식1 6-□=2 식2 □=6-2=4 답 4
② 식1 9-□=3 식2 □=9-3=6 답 6
③ 식1 8-□=4 식2 □=8-4=4 답 4
④ 식1 3-□=1 식2 □=3-1=2 답 2
⑤ 식 4-□=1 답 3장
⑥ 식 5-□=4 답 1개
⑦ 식 7-□=2 답 5명
⑧ 식 9-□=5 답 4개

지도 포인트

004단계에서는 '덧셈과 뺄셈의 관계'를 이용하여 해결해야 하는 문장제 문제를 학습합니다.
어떤 수를 □로 하는 덧셈식 또는 뺄셈식(식1)을 만들고, 덧셈과 뺄셈의 관계(식2)를 활용하여 문제를 해결합니다.

005단계 세 수의 덧셈과 뺄셈 ①

34~35쪽 1일차

① 식 2+3+1=6 답 6개
② 식 4+2+2=8 답 8번
③ 식 2+1+5=8 답 8마리
④ 식 3+2+3=8 답 8개
⑤ 식 1+2+3=6 답 6개
⑥ 식 5+1+2=8 답 8개
⑦ 식 3+4+1=8 답 8권
⑧ 식 2+1+4=7 답 7마리

36~37쪽 2일차

① 식 5−1−2=2 답 2개
② 식 7−2−2=3 답 3개
③ 식 9−4−1=4 답 4개
④ 식 6−3−2=1 답 1명
⑤ 식 8−2−3=3 답 3개
⑥ 식 9−3−4=2 답 2자루
⑦ 식 6−2−4=0 답 0명
⑧ 식 5−3−1=1 답 1개

38~39쪽 3일차

① 식 2+7−5=4 답 4명
② 식 5+2−3=4 답 4장
③ 식 8−6+1=3 답 3마리
④ 식 5−1+4=8 답 8송이
⑤ 식 7+1−4=4 답 4마리
⑥ 식 3+4−2=5 답 5명
⑦ 식 9−5+2=6 답 6개
⑧ 식 4−3+6=7 답 7개

지도 포인트

005단계에서는 '세 수의 덧셈, 세 수의 뺄셈, 세 수의 덧셈과 뺄셈'에 관한 문장제 문제를 학습합니다.
'모두 몇 개?'의 문제는 덧셈을, '남은 것은 몇 개?'의 문제는 뺄셈을 활용하여 문제를 해결합니다.

006단계 (몇십)+(몇)

40~41쪽 1일차

① 식 20+5=25 답 25마리
② 식 50+3=53 답 53명
③ 식 40+8=48 답 48쪽
④ 식 1+30=31 답 31개
⑤ 식 10+4=14 답 14그루
⑥ 식 6+70=76 답 76장
⑦ 식 30+9=39 답 39개
⑧ 식 60+5=65 답 65명

42~43쪽 2일차

① 식 80+2=82 답 82그루
② 식 60+1=61 답 61마리
③ 식 8+20=28 답 28개
④ 식 30+7=37 답 37개
⑤ 식 50+6=56 답 56개
⑥ 식 40+4=44 답 44줄
⑦ 식 10+3=13 답 13개
⑧ 식 5+90=95 답 95개

44~45쪽 3일차

① 식 10+6=16 답 16송이
② 식 70+2=72 답 72개
③ 식 50+7=57 답 57마리
④ 식 80+1=81 답 81개
⑤ 식 30+3=33 답 33대
⑥ 식 60+8=68 답 68개
⑦ 식 40+5=45 답 45개
⑧ 식 20+9=29 답 29명

지도 포인트

006단계에서는 '(몇십)+(몇)'에 관한 문장제 문제를 학습합니다. (몇십)+(몇)은 받아올림이 없는 덧셈입니다. '모두 몇 개?', '~보다 ~개 더 많은 것의 수?'를 구하는 문제로 주어진 수들을 더하여 문제를 해결합니다.

007단계 (몇십 몇)±(몇)

46~47쪽 1일차

① 식 23+5=28 답 28개

② 식 3+15=18 답 18개

③ 식 37+2=39 답 39장

④ 식 64+4=68 답 68마리

⑤ 식 45−3=42 답 42장

⑥ 식 16−1=15 답 15개

⑦ 식 55−2=53 답 53개

⑧ 식 79−6=73 답 73개

48~49쪽 2일차

① 식 52+2=54 답 54개

② 식 2+33=35 답 35개

③ 식 36+1=37 답 37명

④ 식 61+8=69 답 69송이

⑤ 식 35−5=30 답 30마리

⑥ 식 94−2=92 답 92개

⑦ 식 49−4=45 답 흰 바둑돌, 45개

⑧ 식 86−3=83 답 그림책, 83권

50~51쪽 3일차

① 식 73+5=78 답 78마리

② 식 45+1=46 답 46그루

③ 식 21+2=23 답 23장

④ 식 4+13=17 답 17개

⑤ 식 39−7=32 답 32명

⑥ 식 53−1=52 답 52개

⑦ 식 88−6=82 답 82개

⑧ 식 67−4=63 답 63세

지도 포인트

007단계에서는 받아올림, 받아내림이 없는 '(몇십 몇)±(몇)'에 관한 문장제 문제를 학습합니다.
'모두 몇 개?', '~보다 ~개 더 많은 것의 수?'는 덧셈을, '남은 것은 몇 개?', '~보다 몇 개 더 많은가?', '~보다 ~개 더 적은 것의 수?'는 뺄셈을 활용하여 문제를 해결합니다.

008단계 (몇십)±(몇십), (몇십 몇)±(몇십 몇)

52~53쪽 1일차

① 식 30+20=50 답 50개

② 식 10+70=80 답 80마리

③ 식 24+21=45 답 45개

④ 식 61+13=74 답 74명

⑤ 식 60−40=20 답 20개

⑥ 식 50−20=30 답 30권

⑦ 식 43−22=21 답 21마리

⑧ 식 87−37=50 답 50개

54~55쪽 2일차

① 식 40+30=70 답 70개

② 식 33+21=54 답 54장

③ 식 16+73=89 답 89대

④ 식 20+55=75 답 75마리

⑤ 식 70−50=20 답 20명

⑥ 식 69−40=29 답 29권

⑦ 식 58−12=46 답 단팥빵, 46개

⑧ 식 95−33=62 답 빨간색, 62송이

56~57쪽 3일차

① 식 24+41=65 답 65마리

② 식 50+30=80 답 80개

③ 식 32+56=88 답 88명

④ 식 43+15=58 답 58명

⑤ 식 67−25=42 답 42명

⑥ 식 80−10=70 답 70마리

⑦ 식 92−50=42 답 42명

⑧ 식 58−41=17 답 17개

지도 포인트

008단계에서는 받아올림, 받아내림이 없는 '(몇십)±(몇십), (몇십 몇)±(몇십 몇)'에 관한 문장제 문제를 학습합니다. 007단계와 같은 방법으로, 문장을 잘 읽고 이해하여 적절하게 덧셈과 뺄셈을 활용합니다.

009단계 10의 모으기와 가르기

58~59쪽 1일차

	식	답		식	답
①	2	2	⑤	3, 7, 10	7마리
②	4, 6, 10	6	⑥	6, 4, 10	4개
③	5, 5, 10	5	⑦	9, 1, 10	9송이
④	3, 7, 10	3	⑧	8, 2, 10	8마리

60~61쪽 2일차

	식	답		식	답
①	3	3	⑤	10, 2, 8	8개
②	10, 5, 5	5	⑥	10, 4, 6	6명
③	10, 1, 9	1	⑦	10, 2, 8	2마리
④	10, 4, 6	4	⑧	10, 7, 3	7그루

62~63쪽 3일차

	식	답		식	답
①	4	4	⑤	6	6
②	4, 3, 3, 10	3	⑥	10, 7, 1, 2	1
③	1, 1, 8, 10	1마리	⑦	10, 3, 5, 2	5개
④	5, 2, 3, 10	2개	⑧	10, 1, 3, 6	1개

지도 포인트

009단계에서는 '10의 모으기와 가르기'에 관한 문장제 문제를 학습합니다.
'10이 되게 모으기'는 받아올림이 있는 덧셈, '10을 가르기'는 받아내림이 있는 뺄셈을 할 때 사용됩니다.

010단계 10의 덧셈과 뺄셈

64~65쪽 1일차

① 식 6+□=10 답 4개
② 식 2+□=10 답 8개
③ 식 □+1=10 답 9마리
④ 식 □+7=10 답 3장
⑤ 식 9+□=10 답 1개
⑥ 식 3+□=10 답 7명
⑦ 식 □+4=10 답 6개
⑧ 식 □+8=10 답 2마리

66~67쪽 2일차

① 식 10−□=5 답 5그루
② 식 10−□=1 답 9개
③ 식 10−□=8 답 2마리
④ 식 10−□=4 답 6송이
⑤ 식 10−□=3 답 7개
⑥ 식 10−□=2 답 8개
⑦ 식 10−□=7 답 3개
⑧ 식 10−□=6 답 4개

68~69쪽 3일차

① 식 5+□=10 답 5개
② 식 □+8=10 답 2권
③ 식 10−□=4 답 6개
④ 식 10−□=9 답 1명
⑤ 식 7+□=10 답 3층
⑥ 식 □+6=10 답 4개
⑦ 식 10−□=2 답 8장
⑧ 식 10−□=3 답 7대

지도 포인트

010단계에서는 '10이 되는 덧셈'과 '10에서 빼는 뺄셈'에 관한 문장제 문제를 학습합니다.
계산은 009단계에서 다룬 '10이 되게 모으기'와 '10을 가르기'를 활용하면 쉽습니다.
문장을 잘 읽고 이해하여 적절하게 덧셈과 뺄셈을 활용합니다.

011 단계 세 수의 덧셈, 뺄셈

70~71쪽 1일차

	식	답
①	7+3+2=12	12개
②	9+1+5=15	15마리
③	5+8+2=15	15번
④	6+9+4=19	19개
⑤	3+7+1=11	11개
⑥	7+1+9=17	17권
⑦	3+4+6=13	13마리
⑧	5+6+5=16	16칸

72~73쪽 2일차

	식	답
①	13−3−6=4	4개
②	15−5−1=9	9명
③	12−4−2=6	6장
④	14−8−4=2	2대
⑤	18−8−5=5	5개
⑥	11−1−7=3	3자루
⑦	13−2−3=8	8장
⑧	16−3−6=7	7마리

74~75쪽 3일차

	식	답
①	19−2−7=10	10송이
②	14−2−2=10	10명
③	16−1−5=10	10개
④	15−3−2=10	10개
⑤	17−6−1=10	10가구
⑥	13−1−2=10	10층
⑦	18−4−4=10	10개
⑧	12−1−1=10	10명

지도 포인트

011단계에서는 '세 수의 연이은 덧셈과 뺄셈'에 관한 문장제 문제를 학습합니다.
문장을 잘 읽고, 식을 세워서 합 또는 차가 10이 되는 두 수를 찾아 먼저 계산하면 답을 구하기가 쉽습니다.

012단계 받아올림이 있는 (몇)+(몇)

76~77쪽 1일차

① 식 9+3=12 답 12송이

② 식 8+5=13 답 13대

③ 식 4+8=12 답 12쪽

④ 식 6+6=12 답 12명

⑤ 식 7+6=13 답 13개

⑥ 식 5+7=12 답 12개

⑦ 식 3+8=11 답 11마리

⑧ 식 9+4=13 답 13잔

78~79쪽 2일차

① 식 8+7=15 답 15대

② 식 5+6=11 답 11마리

③ 식 3+9=12 답 12그루

④ 식 8+8=16 답 16개

⑤ 식 9+5=14 답 14개

⑥ 식 7+8=15 답 15권

⑦ 식 4+7=11 답 11개

⑧ 식 6+9=15 답 15켤레

80~81쪽 3일차

① 식 7+5=12 답 12마리

② 식 9+6=15 답 15개

③ 식 5+8=13 답 13명

④ 식 4+9=13 답 13벌

⑤ 식 9+2=11 답 11줄

⑥ 식 6+8=14 답 14개

⑦ 식 8+9=17 답 17개

⑧ 식 7+7=14 답 14개

지도 포인트

012단계에서는 '받아올림이 있는 (몇)+(몇)'에 관한 문장제 문제를 학습합니다.
문제를 잘 읽고 이해하여 식을 세우고, 앞에서 학습한 10이 되는 덧셈을 활용하여 문제를 해결합니다.

013단계 받아내림이 있는 (십 몇)-(몇)

82~83쪽 1일차

① 식 11-4=7 답 7마리
② 식 15-7=8 답 8개
③ 식 13-8=5 답 5개
④ 식 16-9=7 답 7개
⑤ 식 12-5=7 답 7벌
⑥ 식 13-6=7 답 7개
⑦ 식 17-8=9 답 9대
⑧ 식 14-7=7 답 7개

84~85쪽 2일차

① 식 13-4=9 답 9켤레
② 식 12-3=9 답 9명
③ 식 16-8=8 답 모터보트, 8대
④ 식 17-9=8 답 참치마요, 8개
⑤ 식 11-2=9 답 9명
⑥ 식 18-9=9 답 9대
⑦ 식 14-6=8 답 강아지, 8명
⑧ 식 15-8=7 답 인라인스케이트, 7명

86~87쪽 3일차

① 식 14-5=9 답 9개
② 식 11-6=5 답 5명
③ 식 13-9=4 답 4마리
④ 식 16-7=9 답 9개
⑤ 식 12-7=5 답 5개
⑥ 식 15-6=9 답 9개
⑦ 식 14-8=6 답 6마리
⑧ 식 17-9=8 답 8칸

지도 포인트

013단계에서는 '받아내림이 있는 (십 몇)-(몇)'에 관한 문장제 문제를 학습합니다.
문제를 잘 읽고 이해하여 식을 세우고, 앞에서 학습한 10에서 빼는 뺄셈을 활용하여 문제를 해결합니다.

014단계 받아올림·받아내림이 있는 덧셈, 뺄셈 종합

88~89쪽 1일차

① 식 8+6=14 답 14명
② 식 9+8=17 답 17대
③ 식 11−9=2 답 2개
④ 식 13−5=8 답 8대
⑤ 식 5+9=14 답 14개
⑥ 식 6+5=11 답 11개
⑦ 식 14−8=6 답 6개
⑧ 식 17−8=9 답 9송이

90~91쪽 2일차

① 식 7+4=11 답 11개
② 식 8+3=11 답 11개
③ 식 12−8=4 답 4개
④ 식 13−7=6 답 운동화, 6켤레
⑤ 식 2+9=11 답 11개
⑥ 식 9+7=16 답 16개
⑦ 식 11−3=8 답 감자, 8개
⑧ 식 15−9=6 답 코알라, 6마리

92~93쪽 3일차

① 식 6+7=13 답 13명
② 식 9+9=18 답 18개
③ 식 12−6=6 답 6쪽
④ 식 11−8=3 답 3살
⑤ 식 8+4=12 답 12그루
⑥ 식 7+9=16 답 16명
⑦ 식 18−9=9 답 9마리
⑧ 식 16−7=9 답 9명

지도 포인트

014단계에서는 '받아올림, 받아내림이 있는 덧셈, 뺄셈'에 관한 문장제 문제를 복습합니다.
문제를 잘 읽고 이해하여 알맞은 식을 세우고 문제를 해결합니다.

015단계 (두 자리 수)+(한 자리 수)

94~95쪽 1일차

① 식 98+3=101 답 101명
② 식 59+4=63 답 63마리
③ 식 9+49=58 답 58개
④ 식 15+7=22 답 22송이
⑤ 식 68+5=73 답 73그루
⑥ 식 99+2=101 답 101개
⑦ 식 94+8=102 답 102개
⑧ 식 7+36=43 답 43개

96~97쪽 2일차

① 식 57+8=65 답 65개
② 식 7+77=84 답 84번
③ 식 9+99=108 답 108개
④ 식 64+9=73 답 73개
⑤ 식 76+4=80 답 80개
⑥ 식 83+9=92 답 92마리
⑦ 식 48+7=55 답 55권
⑧ 식 26+8=34 답 34개

98~99쪽 3일차

① 식 72+9=81 답 81명
② 식 8+28=36 답 36대
③ 식 36+8=44 답 44명
④ 식 96+6=102 답 102개
⑤ 식 8+15=23 답 23명
⑥ 식 86+7=93 답 93마리
⑦ 식 68+5=73 답 73층
⑧ 식 97+9=106 답 106송이

지도 포인트

015단계에서는 '받아올림이 있는 (두 자리 수)+(한 자리 수)'에 관한 문장제 문제를 학습합니다.
012단계에서와 마찬가지로 문제를 잘 읽고 알맞은 식을 세운 후, 10이 되는 덧셈을 활용한 받아올림 계산으로 문제를 해결합니다.

016단계 (몇십)-(몇)

100~101쪽 1일차

① 식 20−3=17 답 17개
② 식 70−5=65 답 65대
③ 식 50−7=43 답 43석
④ 식 90−2=88 답 88개
⑤ 식 30−8=22 답 22명
⑥ 식 80−1=79 답 79개
⑦ 식 60−4=56 답 56개
⑧ 식 40−6=34 답 34줄

102~103쪽 2일차

① 식 50−9=41 답 41개
② 식 40−2=38 답 38장
③ 식 70−3=67 답 병아리, 67마리
④ 식 60−8=52 답 야구 모자, 52개
⑤ 식 30−4=26 답 26살
⑥ 식 20−6=14 답 14송이
⑦ 식 90−7=83 답 매실나무, 83그루
⑧ 식 80−5=75 답 백 원짜리, 75개

104~105쪽 3일차

① 식 30−6=24 답 24마리
② 식 80−9=71 답 71가구
③ 식 50−4= 46 답 46마리
④ 식 40−8=32 답 32권
⑤ 식 60−1=59 답 59마리
⑥ 식 70−7=63 답 63개
⑦ 식 20−5=15 답 15마리
⑧ 식 90−3=87 답 87명

지도 포인트

016단계에서는 '(몇십)−(몇)'에 관한 문장제 문제를 학습합니다.
013단계에서와 마찬가지로 문제를 잘 읽고 알맞은 식을 세운 후, 10에서 빼는 뺄셈을 활용하여 문제를 해결합니다.

017단계 (두 자리 수)-(한 자리 수)

106~107쪽 1일차

① 식 42-7=35 답 35개
② 식 75-6=69 답 69명
③ 식 31-2=29 답 29명
④ 식 53-8=45 답 45그루
⑤ 식 24-5=19 답 19개
⑥ 식 62-4=58 답 58개
⑦ 식 93-9=84 답 84개
⑧ 식 81-3=78 답 78명

108~109쪽 2일차

① 식 26-9=17 답 17켤레
② 식 44-6=38 답 38쪽
③ 식 72-3=69 답 69대
④ 식 33-7=26 답 26살
⑤ 식 51-4=47 답 47마리
⑥ 식 66-7=59 답 59명
⑦ 식 85-8=77 답 흰 바둑돌, 77개
⑧ 식 97-9=88 답 꽃 화분, 88개

110~111쪽 3일차

① 식 92-7=85 답 85개
② 식 34-6=28 답 28마리
③ 식 41-4=37 답 37살
④ 식 25-6=19 답 19명
⑤ 식 84-5=79 답 79권
⑥ 식 63-9=54 답 54마리
⑦ 식 52-8=44 답 44명
⑧ 식 77-9=68 답 68마리

지도 포인트

017단계에서는 받아내림이 있는 '(두 자리 수)-(한 자리 수)'에 관한 문장제 문제를 학습합니다.
문제를 잘 읽고 알맞은 식을 세운 후, 10에서 빼는 뺄셈을 활용하여 문제를 해결합니다.

018단계 (두 자리 수)±(한 자리 수) ①

112~113쪽 1일차

① 식 29+5=34 답 34개

② 식 9+58=67 답 67개

③ 식 64+8=72 답 72장

④ 식 47+4=51 답 51송이

⑤ 식 33-6=27 답 27쪽

⑥ 식 91-2=89 답 89개

⑦ 식 72-7=65 답 65개

⑧ 식 85-9=76 답 76명

114~115쪽 2일차

① 식 78+3=81 답 81마리

② 식 57+6=63 답 63개

③ 식 5+19=24 답 24명

④ 식 89+8=97 답 97개

⑤ 식 62-5=57 답 57명

⑥ 식 73-9=64 답 오리, 64마리

⑦ 식 51-7=44 답 도토리, 44개

⑧ 식 26-8=18 답 광어, 18마리

116~117쪽 3일차

① 식 68+5=73 답 73개

② 식 34+6=40 답 40개

③ 식 96+8=104 답 104개

④ 식 6+17=23 답 23개

⑤ 식 32-4=28 답 28권

⑥ 식 85-9=76 답 76송이

⑦ 식 41-2=39 답 39명

⑧ 식 12-6=6 답 6마리

지도 포인트

018단계에서는 받아올림, 받아내림이 있는 (두 자리 수)±(한 자리 수)에 관한 문장제 문제를 복습합니다.
문제를 잘 읽고 이해하여 알맞은 식을 세우고 문제를 해결합니다.

019단계 (두 자리 수)±(한 자리 수) ②

118~119쪽 1일차

	식	답
①	45+7=52	52마리
②	27+6=33	33대
③	9+75=84	84개
④	82+9=91	91그루
⑤	52-7=45	45마리
⑥	34-5=29	29장
⑦	91-4=87	87권
⑧	68-9=59	59개

120~121쪽 2일차

	식	답
①	19+5=24	24마리
②	3+78=81	81개
③	57+8=65	65개
④	36+7=43	43명
⑤	41-6=35	35명
⑥	95-9=86	86마리
⑦	22-8=14	티셔츠, 14벌
⑧	73-8=65	참외, 65개

122~123쪽 3일차

	식	답
①	96+7=103	103마리
②	87+6=93	93개
③	68+4=72	72개
④	48+3=51	51개
⑤	33-7=26	26개
⑥	52-9=43	43인분
⑦	83-5=78	78대
⑧	21-3=18	18송이

지도 포인트

019단계에서도 018단계와 마찬가지로 받아올림, 받아내림이 있는 (두 자리 수)±(한 자리 수)에 관한 문장제 문제를 복습합니다. 문제를 잘 읽고 이해하여 알맞은 식을 세우고 문제를 해결합니다.

020 단계 세 수의 덧셈과 뺄셈 ②

124~125쪽 1일차

① 식 24+3+5=32 답 32번
② 식 36+5+3=44 답 44마리
③ 식 58+6+7=71 답 71세
④ 식 85+9+8=102 답 102명
⑤ 식 44+2+6=52 답 52개
⑥ 식 66+8+2=76 답 76개
⑦ 식 75+7+9=91 답 91대
⑧ 식 92+7+5=104 답 104개

126~127쪽 2일차

① 식 74−3−4=67 답 67마리
② 식 42−8−7=27 답 27송이
③ 식 81−4−8=69 답 69개
④ 식 53−9−6=38 답 38개
⑤ 식 29−7−3=19 답 19마리
⑥ 식 64−6−9=49 답 49개
⑦ 식 33−9−5=19 답 19그릇
⑧ 식 92−7−7=78 답 78개

128~129쪽 3일차

① 식 41+6−8=39 답 39명
② 식 67+8−6=69 답 69번
③ 식 71−7+9=73 답 73대
④ 식 92−8+5=89 답 89명
⑤ 식 16+9−7=18 답 18마리
⑥ 식 83−6+4=81 답 81개
⑦ 식 38+5−6=37 답 37명
⑧ 식 54−7+9=56 답 56개

130~132쪽 종료테스트

① 3, 6, 9 답 9개
② 식 8−3=5 답 5마리
③ 식 9−□=5 답 4명
④ 식 5−3+4=6 답 6명
⑤ 식 40+7=47 답 47마리
⑥ 식 58−25=33 답 33개
⑦ 식 □+6=10 답 4개
⑧ 식 14−3−4=7 답 7장
⑨ 식 7+8=15 답 15대
⑩ 식 12−4=8 답 8살
⑪ 식 6+45=51 답 51개
⑫ 식 40−9=31 답 31송이
⑬ 식 14−7=7 답 우산, 7명
⑭ 식 28+6=34 답 34권
⑮ 식 30−9−8=13 답 13개